高职高专"十三五"规划教材

中文版
AutoCAD2018
二维绘图技术

ZHONGWENBAN AutoCAD2018
ERWEI HUITU JISHU

王成华　辛海霞　主编 ●
姜丽萍　主审 ●

U0222834

化学工业出版社
·北京·

本书系统地介绍了 AutoCAD 2018 中文版绘图软件二维绘图的操作方法。全书主要内容包括 AutoCAD 2018 中文版的软件安装和软件操作界面及 AutoCAD 文件的保存方法，基本绘图环境的设置方法及样板图形文件的创建，简单二维图形的绘制方法，精确绘图工具的使用方法，二维图形的编辑方法，复杂二维图形的绘制技巧，块、组和设计中心的使用，图形输出方法和图形的信息查询方法等。

本书按照工程中 AutoCAD 绘图的操作流程加以编排，内容简洁易懂，条理清晰，每章内容后均配置针对性很强的训练图形，本书最后还提供了机械零件的整套图纸供训练提高。

本书既可作为高职高专工程类相关专业的教材，又可作为计算机图形处理人员的参考书。

图书在版编目（CIP）数据

中文版 AutoCAD 2018 二维绘图技术/王成华，辛海霞主编. —北京：化学工业出版社，2020.1（2024.8重印）
高职高专"十三五"规划教材
ISBN 978-7-122-35755-7

Ⅰ.①中… Ⅱ.①王… ②辛… Ⅲ.①AutoCAD 软件-高等职业教育-教材 Ⅳ.①TP391.72

中国版本图书馆 CIP 数据核字（2019）第 260152 号

责任编辑：高　钰　　　　　　　　　　　　文字编辑：陈　喆
责任校对：宋　玮　　　　　　　　　　　　装帧设计：刘丽华

出版发行：化学工业出版社（北京市东城区青年湖南街 13 号　邮政编码 100011）
印　　刷：三河市航远印刷有限公司
装　　订：三河市宇新装订厂
787mm×1092mm　1/16　印张 11¾　字数 258 千字　2024 年 8 月北京第 1 版第 5 次印刷

购书咨询：010-64518888　　　　　　　　　售后服务：010-64518899
网　　址：http://www.cip.com.cn
凡购买本书，如有缺损质量问题，本社销售中心负责调换。

定　　价：36.00 元

前言

伴随着计算机技术的高速发展，计算机成图技术在机械、化工、建筑、电子电气、航空航天等领域得到了广泛的应用，对提高工作效率发挥着越来越大的作用。

由美国 Autodesk 公司开发的计算机辅助设计软件 AutoCAD 是应用最为广泛的计算机绘图软件。CAD 技术是一种设计和技术文档编制技术，它使用自动化的流程替代手动制图。AutoCAD 2018 在用户界面、控制图形显示等方面较之前版本有了很大的提升，能得到具有丰富视觉效果的设计图样和文档。

为了使二维 CAD 应用人员能快速掌握软件的基本操作，满足工程上 CAD 制图技能的需要，本书从工程应用的角度介绍 CAD 绘图软件的各个功能和命令的使用方法，让学生或企业工程技术人员能在最短的时间内熟悉 CAD 制图的操作流程。为了进一步提升学习效果，本书在每章最后提供了很多针对性很强的训练图形，并在最后提供了丰富的 CAD 制图训练实例。

全书共分 9 章，分别介绍软件的安装启动及软件界面、基本的绘图环境设置方法、简单二维图形的绘制、精确绘图工具、二维图形的编辑操作、复杂二维图形的绘制、图块和设计中心、图形输出方法和图形的信息查询以及综合训练图形。

本书由王成华、辛海霞主编，姜丽萍主审。本书第 1 章至第 3 章、第 5 章由南京科技职业学院王成华副教授编写，第 4 章由南京扬子检维修有限责任公司任建君工程师编写，第 6 章至第 8 章由南京科技职业学院辛海霞老师编写，第 9 章由中石化南化公司化工机械厂张栋工程师编写。编者既有企业从事机械制造和维修的工程师，熟悉 CAD 制图过程及企业应用，又有从事 CAD 和制图教学多年的老师，具有丰富的实操经验。编写本书的过程中编者参考了一些资料，在此对前辈同行的辛勤付出表示感谢。由于时间紧，编写过程中难免有疏漏，不足之处欢迎读者批评指正。

编者邮箱：wch@njpi.edu.cn。

本书可作为高职高专工程类专业二维 CAD 绘图课程或实训教材，也可作为计算机制图相关工程技术人员的学习参考书。

编　者
2019 年 8 月

目录

第3章 简单二维绘图

第1章

软件安装与软件界面

AutoCAD（Autodesk Computer Aided Design）是 Autodesk（欧特克 https：//www.autodesk.com.cn/）公司于 1982 年首次开发的计算机辅助设计软件，用于二维绘图、详细绘制、设计文档和基本三维设计，现已经成为国际上广为流行的绘图工具。AutoCAD 具有良好的用户界面，通过交互菜单或命令行输入便可以进行各种绘图操作。它的多文档设计环境，让非计算机专业人员也能很快地学会使用。用户在不断实践的过程中更好地掌握它的各种应用和开发技巧，从而不断提高工作效率。

随着技术的不断发展，AutoCAD 从最初的 1.0 版，已经更新到现在的 AutoCAD 2018 版本，AutoCAD 公司的开发团队一直在不断地完善软件的功能，为用户提供更趋完美的人机交互界面，方便各个层次的用户学习使用。

AutoCAD 的优点是通用性比较强，操作简单，易学易用，用户群体非常庞大，广泛应用于土木建筑、装饰装潢、工程制图、电子工业、服装加工等多个领域。

1.1　AutoCAD 2018 的安装与启动

1.1.1　AutoCAD 2018 软件的安装

AutoCAD 2018 软件的安装包通常以光盘的形式提供，或者通过付费在网上下载安装包，通过公司提供的激活码进行软件的激活，执行软件中的 SETUP.EXE 文件，安装界面提示如图 1-1 所示，点击"安装"按钮，执行在此计算机上安装，进入下一步，接受安装许可协议，如图 1-2 所示。进入下一步，根据提示选择软件的安装位置，开始软件模块的安装，界面如图 1-3 所示，直至软件安装完成。

1.1.2　AutoCAD 2018 的启动

AutoCAD 2018 软件安装完成后，默认在电脑桌面上会有一个快捷方式，鼠标放在该图标上，双击鼠标左键，即启动软件，进入图 1-4 所示界面。用户选择软件的激活类型，此处选择输入激活码进行软件激活，进入激活界面如图 1-5 所示，用户输入自己软件的序列号和产品密钥，完成软件的激活，如图 1-6 所示。

图 1-1 安装界面

图 1-2 安装许可协议

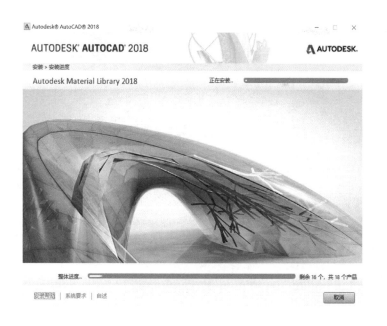

图 1-3　安装选择的软件模块

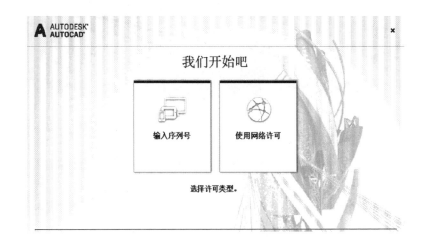

图 1-4　启动后软件界面

图 1-5　软件激活界面

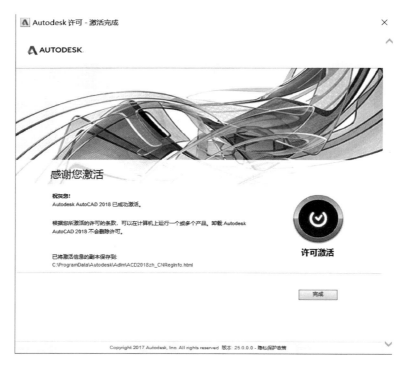

图 1-6　软件激活完成界面

软件启动后的界面如图 1-7 所示，点击"开始绘制"按钮即可进入绘图界面，如图 1-8 所示。

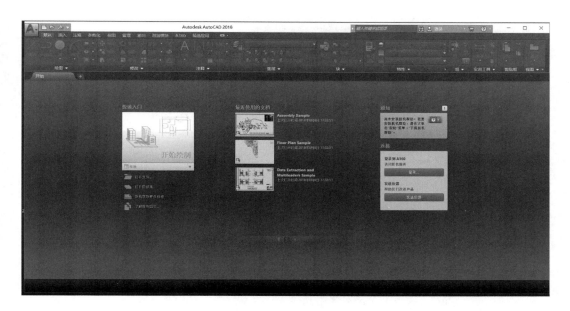

图 1-7 软件界面

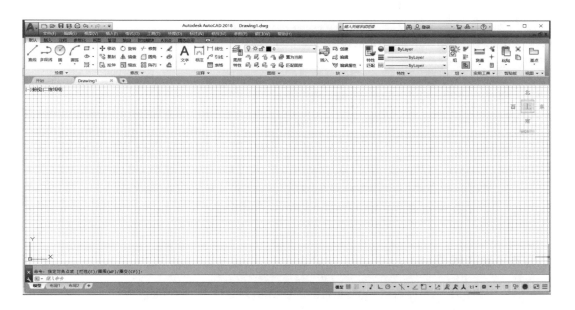

图 1-8 软件的绘图界面

1.1.3 AutoCAD 2018 的新增功能

（1）视图和视口

用户可以利用自动调整大小和缩放的布局视口，轻松创建、检索模型视图并将其一起放置到当前布局中。选定后，布局视口对象将显示两个附加的夹点，一个用于移动视口，另一个用于从常用比例列表设置显示比例。主要命令和系统变量：MVIEW，NEWVIEW。

（2）高分辨率（4K）监视器支持

光标、导航栏和 UCS 图标等用户界面元素可正确显示在高分辨率（4K）显示器上。对大多数对话框、选项板和工具栏进行了适当调整，以适应 Windows 显示比例设置。为了获得最佳效果，由于操作系统限制，请使用 Windows 10，并使用支持 DX11 的图形卡。

（3）快速访问工具栏

快速访问工具栏用于快速访问某个命令，提高画图速度和效率。如"图层控制"选项现在是"快速访问工具栏"菜单的一部分。尽管该选项默认处于关闭状态，但可轻松将其设为与其他常用工具一同显示在"快速访问工具栏"中。

（4）PDF 文件增强导入

当从图形创建 PDF 文件时，使用 SHX 字体定义的文字将作为几何图形存储在 PDF 中。如果该 PDF 文件通过"文件/输入…"添加到 DWG 文件中，原始 SHX 文字将作为几何图形输入。AutoCAD 2018 提供了 SHX 文本识别工具，用户可以使用 PDFSHXTEXT 命令将 SHX 几何图形重新转换为文字，转换过程中需选择一个用来最佳匹配的 SHX 字体，进行 SHX 字体的转换。

（5）外部参照功能增强

将外部文件附着到 AutoCAD 图形时，默认路径类型现在将设为"相对路径"，而非"完整路径"。在先前版本的 AutoCAD 中，如果宿主图形未命名（未保存），则无法指定参照文件的相对路径。在 AutoCAD 2018 中，可指定文件的相对路径，即使宿主图形未命名也可以指定。

在没有找到的参照文件上单击鼠标右键时，"外部参照"选项板的上下文菜单将提供两种选项："选择新路径"和"查找和替换"。"选择新路径"允许浏览到缺少的参照文件的新位置（修复一个文件），然后提供可将相同的新位置应用到其他缺少的参照文件（修复所有文件）的选项。"查找和替换"可从选定的所有参照（多项选择）中找出使用指定路径的所有参照，并将该路径的所有匹配项替换为指定的新路径。主命令和系统变量：EXTERNALREFERENCES，REFPATHTYPE。

1.1.4 默认界面

CAD 软件第一次启动后，界面如图 1-8 所示，这个界面为默认界面，界面的各个功能区域的介绍如图 1-9 所示。CAD 软件界面中包括标题栏、快速访问工具栏、10 个选项卡、视图方向控制按钮、坐标系、命令行和状态栏等。

1.1.5 使用样板

开始绘图时，打开 AutoCAD 软件，在图 1-10 所示的"快速入门"界面，点击"样

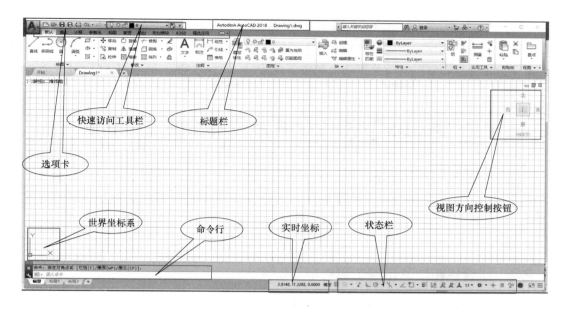

图 1-9　默认界面

图 1-10　样板图文件

板"右侧的黑色三角形,可以在下拉式列表中选择已有的样板文件。样板文件的扩展名为".dwt",其中"acadiso.dwt"样板文件为公制尺寸样板文件,初始绘图时可以选择该样板文件进行绘图,使用该样板文件的绘图环境绘制的工程图形还不能完全符合我国的制图国家标准,还需进行绘图环境的重新设置。

1.2 AutoCAD 2018 系统的绘图工作界面

AutoCAD 软件界面设计很人性化,便于人机交互操作,提供了很多便捷的操作工具,目的是提高绘图效率。绘图区域界面的分辨率比之前版本更高,图形显示更美观。

1.2.1 标题栏和快速访问工具栏

AutoCAD 软件打开后,位于软件顶部的界面为标题栏,如图 1-11 所示,标题栏的左侧是快速访问工具栏,点击快速访问工具栏右侧的白色箭头,可以添加自定义快速访问的工具,前面打"√"的工具显示在快速访问工具栏左侧。标题栏的中间位置显示当前所使用软件的版本号和 AutoCAD 文件的名称,图 1-11 中显示的版本号为"Autodesk AutoCAD 2018",文件名称为"Drawing2.dwg",CAD 文件的扩展名为".dwg"。标题栏的右侧位置显示的是最小化、最大化和关闭软件的按钮。

图 1-11 标题栏和快速访问工具栏

1.2.2 菜单栏

默认状态下,菜单栏是隐藏的,这对熟悉之前版本的用户来说很不方便,用户可以通过图 1-12 (a) 在快速访问工具栏右侧箭头点开下拉菜单,点击里面"隐藏菜单栏",即可实现隐藏或显示菜单栏,显示的菜单栏在标题栏的下方,如图 1-12 (b) 所示。菜单栏中一共有 12 个下拉式菜单,绝大部分的 CAD 软件操作都可以在这些菜单中的下拉列表中找到。

1.2.3 工具栏

AutoCAD 2018 的默认面板中显示了一些常用的绘图与编辑操作按钮,原有的各类工具条都被隐藏起来,要想打开常用的工具条,可以通过图 1-13 所示的工具栏进行操作,在"工具"下拉式菜单下找"工具栏"/"AutoCAD",然后在下一级子菜单中选中

(a) 快速访问工具栏列表

(b) 打开的菜单栏

图 1-12　菜单栏

所需的工具，则该工具将以工具条的形式在桌面显示，使用时只需点击该工具条上的
图标按钮即可调用该命令。图中显示的是打开"对象捕捉"工具条，选中的工具条

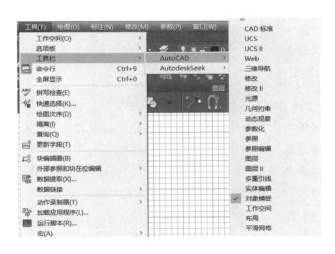

图 1-13　工具栏

前面有"√"，如果该工具条前有"√"，在绘图界面又看不到，那是被其他工具条挡住了，可以在软件界面上在显示的工具条的左侧或右侧用鼠标点击该工具条，按住并拖动工具条，看是否在该工具条下面还有其他工具条，直到找到你要找的工具条为止。

1.2.4　绘图区

图 1-14 中的栅格区域为绘图区，AutoCAD 所绘图形可以在该区域显示，通过绘图区域的缩小或放大，可以调整图形显示的大小和显示范围。

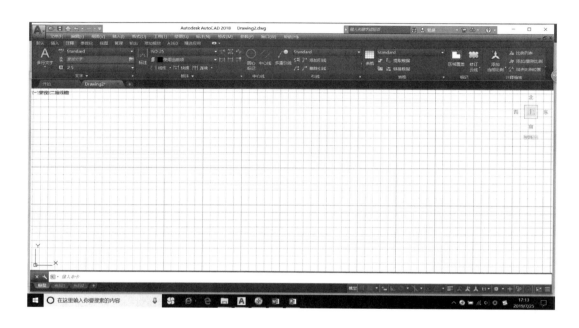

图 1-14　绘图区

1.2.5　命令输入窗口

AutoCAD 操作命令如果通过命令输入，则在图 1-15 所示的命令行输入命令并回车。在命令的操作过程中，命令输入窗口会给出操作提示，提示该命令操作的下一步该干什么，或者输入命令的选项并回车进入下一步操作。操作过程中，完成每一步操作都要回车确认。对于初学者来说，绘图过程中时常关注命令行的提示非常重要，否则会因为对命令的不熟悉而不知绘图如何进行下去。命令行输入窗口的打开或关闭按组合键"Ctrl＋9"来实现。将光标放在命令行输入窗口上边缘，按住鼠标左键，向上拖动鼠标可以改变命令输入窗口的大小，这时在命令行中可以看到某些刚刚应用过的命令的操作过程。

中文版 AutoCAD 2018 二维绘图技术

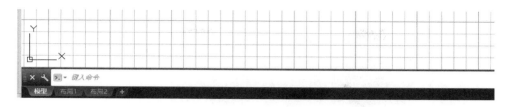

图 1-15　命令输入窗口

1.2.6　状态栏

状态栏在 AutoCAD 软件绘图界面的右下方，如图 1-16 所示。状态栏中设置了很多绘图辅助工具，状态栏的设置是为了提高绘图效率和绘图的精确程度。状态栏中的辅助工具按钮有捕捉、极轴、正交、线宽等模式。要调整状态栏中辅助工具的显示项目，可以点击状态栏右侧自定义按钮，在弹出的快捷菜单中选择要在状态栏添加的辅助功能按钮，选中的辅助功能前带 "√"，凡是快捷菜单中的功能按钮前面带 "√" 的，均在状态栏中显示。状态栏中的功能按钮高亮显示时表示该功能在绘图过程中处于有效状态。

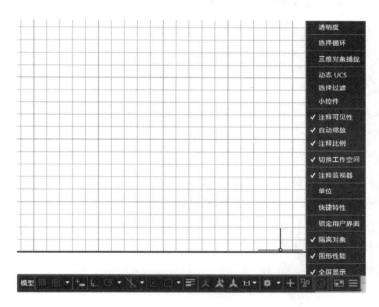

图 1-16　状态栏

1.2.7　文本窗口

AutoCAD 提供了一个文本窗口，用户按 F2 键可显示该文本窗口，文本窗口记录了本次操作中的所有操作命令的操作过程。通过该命令可查看绘图时的操作过程，如图 1-17 所示。文本窗口的绘图操作过程可以复制到 Word 文档。

第 1 章　软件安装与软件界面

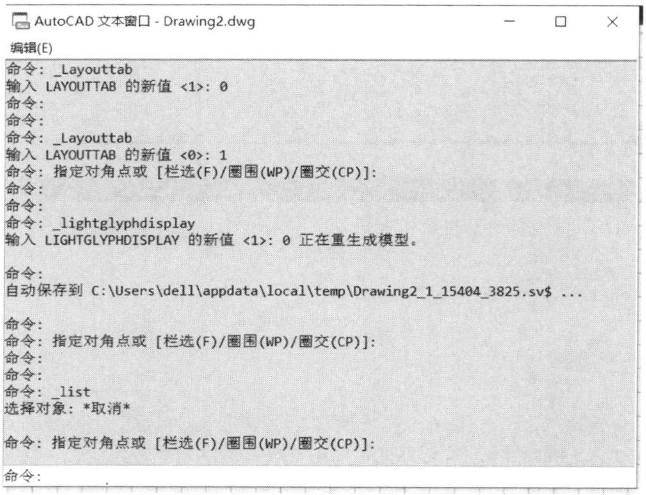

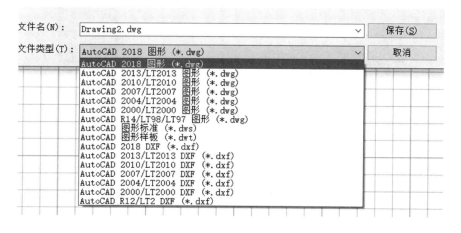

图 1-17　文本窗口

1.3.1　文件的保存

图形文件在绘制过程中要及时保存，否则容易因为误操作、电脑故障或软件问题等造成最近时间所绘图形的丢失，影响工作效率。设置好绘图环境后就要保存文件，文件保存路径根据自己的需要进行选择，默认文件的保存位置在"我的文档"。要保存文件，按█或"Ctrl＋S"组合键，要"另存为"文件，按"Ctrl＋shift＋S"组合键。文件的保存类型如图 1-18 所示，用 AutoCAD 2018 绘制的图形文件可以保存成非 2018 版的

图 1-18　文件保存类型

图形文件类型，便于使用低版本时可以打开该图形文件，也可设置默认的保存文件类型。在图 1-19 所示的"选项"对话框中，在"打开和保存"选项卡中设置自动保存时的文件类型，同时在该选项卡中还可以设置绘图过程中自动保存文件的时间间隔，默认的自动保存时间间隔是 10min。

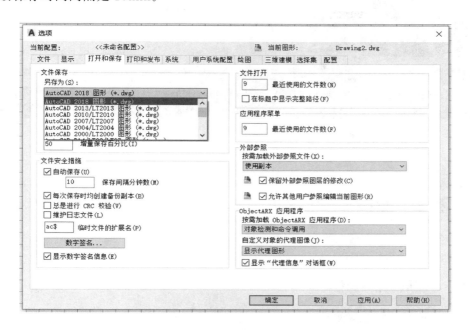

图 1-19　默认文件保存类型设置和自动保存时间设置

1.3.2　软件的退出

文件保存后，要结束绘图工作，可按"Ctrl＋Q"组合键退出，或按软件绘图界面右上角的"×"，关闭并退出 AutoCAD 软件。

本 章 小 结

本章介绍了 AutoCAD 2018 版本软件的安装过程和绘图界面以及文件的保存类型和保存方法，为熟悉 CAD 软件打下了基础。

训 练 提 高

1. 打开 CAD 的菜单，并熟悉下拉菜单中的命令位置。
2. 在状态栏添加"动态输入""线宽"功能。
3. 在快速访问工具栏中添加"图层"和"特性"。
4. 在 CAD 绘图界面，添加"绘图""修改"工具条。
5. 打开和关闭"命令行"，调整命令行的宽度。
6. 设置默认的保存文件类型为"AutoCAD 2010/LT2010 图形（＊.dwg）"。
7. 将打开的图形文件另存为"CAD 练习"。

第2章
基本绘图环境

2.1 图层

2.1.1 "图层"的作用

一张图纸中，会有各种不同类型的图线，图线又有不同的线型和线宽，每一种图线都有其代表的特定含义，比如用粗实线表示可见轮廓线，用细点画线表示对称中心线或回转轴线。在 AutoCAD 绘图时，通过"图层"来进行线型和线宽的管理与控制。AutoCAD 软件中，"图层"就相当于透明的纸，在默认状态下每一个图层中绘制的图形对象具有相同线型和线宽。不同的"图层"之间完全对齐重叠。通过改变"图层"的属性，可以调整图形对象不同的线型和线宽。

2.1.2 设置"图层"的命令

（1）"图层"命令的调用方法

① 在下拉式菜单中点击"图层"，如图 2-1 所示。

② 在"默认"选项卡中点击"图层特性"图标，如图 2-2 所示。

③ 通过命令行输入"图层"命令：layer（简化命令为 la）。（在命令行输入 CAD 操作命令时，不分大小写，后同。）

通过这三种方法调用"图层"命令后，会弹出"图层特性管理器"对话框，如图 2-3 所示。在对话框中可以看到，目前只有一个图层，"图层"的名称为"0"，该图层是系统自带的图层，可以改变"图层"的线型、线宽、颜色和透明度等，但不可以更改该图层名称。可以在 0 图层绘图，但不可以删除该图层。通常要设置不同的图层，来满足 AutoCAD 制图的要求。

图 2-1　下拉式菜单中调用"图层"命令

图 2-2　通过默认选项卡调用"图层"命令

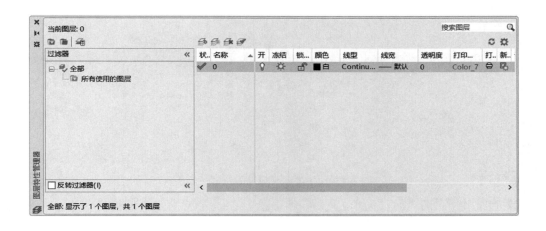

图 2-3　"图层特性管理器"对话框

（2）"新建图层"的设置方法

在"图层特性管理器"对话框中，点击"新建图层"，如图 2-4 所示，然后设置常用的图层，需要为不同的"图层"设置不同的名称。

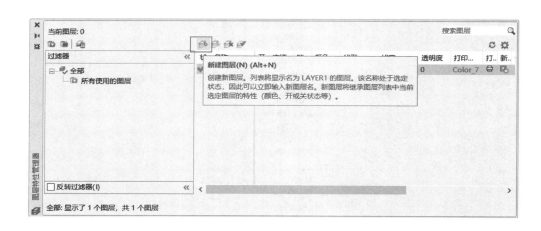

图 2-4 "新建图层"

2.1.3 "图层"的名称设置

"图层"名称的命名，最好不要用默认的"图层 1""图层 2"等名称，给"图层"命名时，应该通过该图层的名称就能够知道图层中绘制的图线对象的特性，如图 2-5 中我们设置了常用"图层"的名称，便于识别图层中的对象特性，比如看到"粗实线"图层，就能够判断这个图层中所画图线是可见轮廓线，画图时，所有的可见轮廓线均画在该图层中。

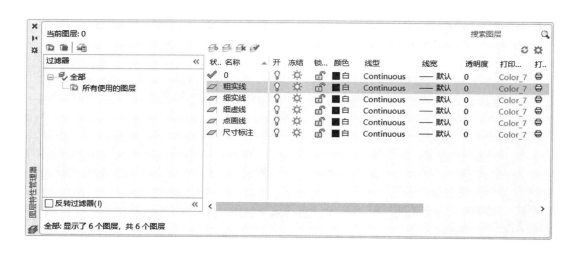

图 2-5 常用"图层"的名称设置

2.1.4　"图层"的颜色设置

设置"图层"颜色的目的是便于区分图形中的各种类型的图线，不同的"图层"可以使用相同的颜色。设置颜色时，将光标放置在需要设置颜色的"图层"对应的颜色位置，单击鼠标左键，会弹出颜色设置对话框，比如设置细实线的颜色，鼠标点击图 2-6 中椭圆圈所示的位置，然后弹出图 2-7 所示的"选择颜色"对话框，从对话框的调色板中选择一种颜色，本例中选择"绿"色，界面如图 2-7 所示。至于每一图层选择什么颜色，国家制图标准有推荐颜色，如表 2-1 所示。颜色设置完成后如图 2-8 所示。

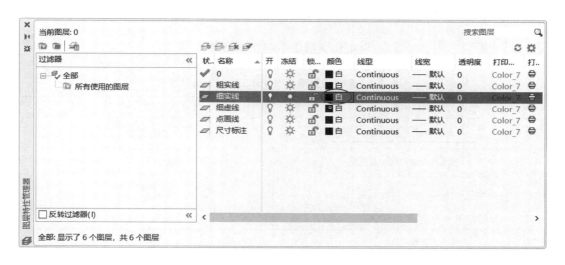

图 2-6　"图层"颜色设置

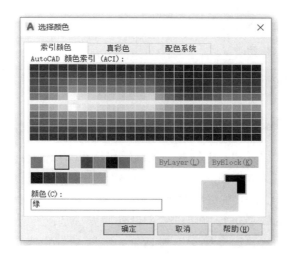

图 2-7　调色板对话框

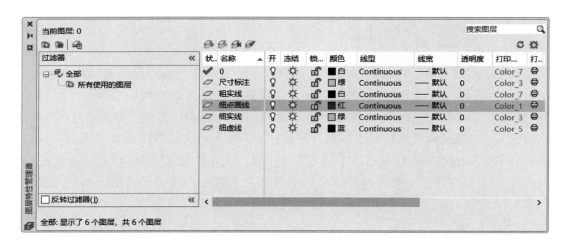

图 2-8　常用"图层"的颜色设置

表 2-1　常用线型颜色（GB/T 14665—2012）

图线类型	图线屏幕上的颜色
粗实线	白色（黑色）
细实线、波浪线、双折线	绿色
细虚线	黄色
粗虚线	白色
细点画线	红色
粗点画线	棕色
细双点画线	粉红色

2.1.5　"线型"的设置

图形中的线型有连续线和不连续线，连续线包括粗实线、细实线、波浪线等，不连续线包括点画线、虚线、双点画线等，在 CAD 软件中对于不连续线的线型需要另外加载。图 2-8 所示的图层中只有细虚线和细点画线两个"图层"的线型是非连续线型，需要对这两个"图层"的线型进行重新设置，设置的方法是鼠标点击"Continuous"处，然后会弹出图 2-9 所示的"选择线型"对话框，该对话框中当前只有一种"Continuous"线型可供选择，要使用细点画线线型，用鼠标点击图 2-9 中所示的"加载"按钮，

中文版 AutoCAD 2018 二维绘图技术

这时会弹出如图 2-10 所示的"加载或重载线型"对话框，在对话框的"可用线型"中选择"CENTER"线型并按"确定"按钮进行确认，如图 2-11 所示，这时的"选择线型"对话框如图 2-12 所示，可以看到"CENTER"线型已经加载到对话框中，然后再用鼠标左键单击"CENTER"线型并点击"确定"按钮进行确认，从而完成细点画线图层的线型加载，如图 2-13 所示。用同样的方法可以加载"细虚线"图层的线型，选择的线型是"ACAD_ISO02W100"，设置好线型的"图层"如图 2-14 所示。

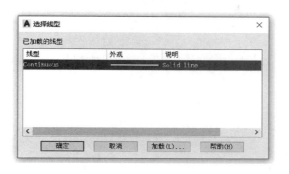

图 2-9 线型选择对话框

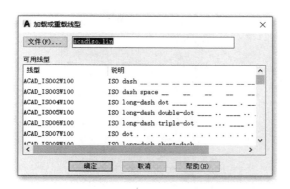

图 2-10 加载或重载线型对话框

图 2-11 选择 CENTER 线型

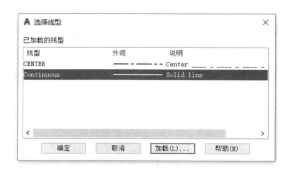

图 2-12　加载了线型的对话框

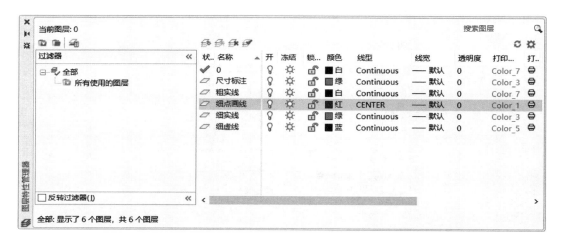

图 2-13　细点画线图层的线型加载

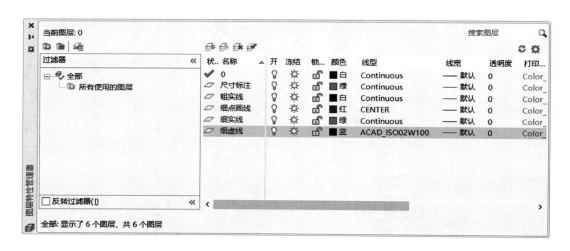

图 2-14　设置好线型的图层

　　"新建图层"时的"图层"命名与图层中所用的线型要对应，不是图层名叫"虚线", 在该图层绘图的图线就是虚线, 必须设置图层的线型为"虚线", 才可以绘制出虚线来。

2.1.6 "线宽"的设置

制图国家标准规定, 粗线与细线的线宽比为 2：1, 粗线的线宽一般取 0.5mm 或者 0.7mm, 因此, 细线的线宽需设置为 0.25mm 或 0.35mm。以粗线 0.5mm 线宽为例进行图层的线宽设置, 设置的方法是鼠标点击"粗实线"图层对应的"默认"线宽, 然后会弹出图 2-15 所示的"线宽"选择对话框, 用鼠标拖动对话框中右侧的滑动条, 选择 0.5mm 的线宽并点击"确定"按钮进行确认, 其余的线宽保持为"默认"线宽, 然后关闭"图层特性管理器"对话框, 完成"图层"的设置工作。"默认"的线宽可以从"格式"下拉式菜单中点击"线宽 (W) …"后弹出的对话框中看到, 如图 2-16 所示, 图中的默认线宽为 0.25mm, 默认线宽是可以更改的。设置完线宽的"图层"如图 2-17 所示。

图 2-15 "线宽"选择对话框

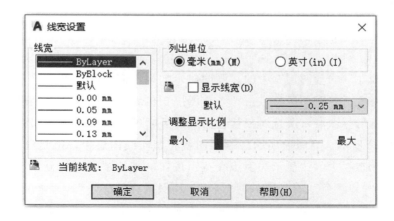

图 2-16 默认线宽设置对话框

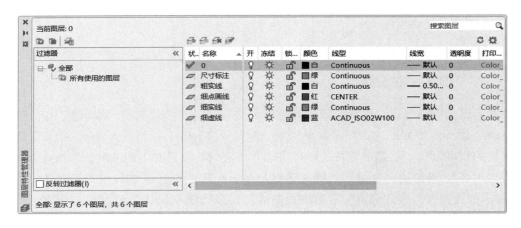

图 2-17　设置完线宽的图层

2.1.7　"图层"的使用与管理

"图层"设置完成之后，画图时，只能在当前图层中绘制图形对象，"当前图层"在"默认"选项卡中的"图层特性"显示面板的矩形框里显示，如图 2-18 所示。绘图时如果要切换"当前图层"，只要在"当前图层"框中点击鼠标左键，便会显示所有已经设置的图层，然后再用鼠标左键点击想要作为"当前图层"的那个图层，选中的"图层"便会成为"当前图层"显示在矩形框格中。

图 2-18　当前图层

图形都是画在"当前图层"中的，画图时，如果没有及时更换图层，也没有关系，可以通过选中对象，然后用鼠标点击"当前图层"位置，在显示出已经设置的图层中，用鼠标左键点击目标图层，所选对象就会加入到目标图层中去。不同"图层"绘制的图线对象如图 2-19 所示。有时候明明绘制的图线在粗实线图层中，可是没有显示出线宽来，可以点击状态栏中的"显示与隐藏线宽"按钮，来控制线宽的显示与否。绘图时，"对象特性"中的"颜色""线型"和"线宽"均保持"bylayer"，通常不需要去选择其他选项，如果改变了该选项，即使切换图层，所绘制的图线也不会跟随所在图层发生变化。

图 2-19　不同图层中绘制的图线

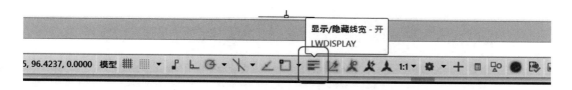

图 2-20　线宽的显示控制

在编辑图形时，可以将某个或几个"图层"上的对象关闭或者冻结，也可以锁定"图层"的对象，它们之间的差别是：关闭某个"图层"时，该图层的对象在屏幕上不显示，也不会被打印，但会参与重生成；冻结某个"图层"时，图形对象不在平面上显示，也不会被打印，也不参与重生成；锁定的图层中的对象在平面上显示，但不能被编辑。

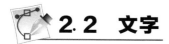

2.2　文字

制图国家标准中规定：汉字用长仿宋体，数字字母用拉丁字母。在 CAD 软件中通过设置不同的文字样式来实现不同字体的输入。

2.2.1　"文字样式"设置

（1）汉字字体"长仿宋体"的设置

① 用鼠标点击下拉式菜单"格式"/"文字样式（S）…"，如图 2-21（a）所示，或者在"默认"选项卡的"注释"面板处点击"文字样式"，如图 2-21（b）所示。

② 在弹出的如图 2-22 所示"文字样式"对话框中，点击"新建（N）…"按钮。

③ 在弹出的如图 2-23 所示"新建文字样式"对话框中，输入新建的文字样式名称"长仿宋体"（通常样式名要能够反映字体的特征，让人一看就能知道是什么字体），点

击"确定"按钮确认。

④ 在"文字样式"对话框中新增了一种"长仿宋体"样式名，如图 2-24 所示。

⑤ 为"长仿宋体"文字的"样式名"选择新的字体，在"字体名"的下拉列表中选择"仿宋"，将"宽度因子"改成 0.7（国家制图标准规定长仿宋体宽与高的比是 $1/\sqrt{2}=0.7$），如图 2-25 所示。字体高度不设置（如果在这里设置字高，使用时将无法根据需要改变字体大小），"注释性"前面的"√"去掉，设置完后点击"应用"按钮，完成长仿宋体字体的设置。如果你的电脑中带有"汉仪长仿宋体"字库，可以在下拉列表中找到，这时直接选择"汉仪长仿宋体"，"宽度因子"保持为 1，因为该字体本身就设置好了宽度因子，符合国家制图标准要求。

(a) (b)

图 2-21 文字样式设置

图 2-22 文字样式设置对话框

图 2-23　设置样式名对话框

图 2-24　设置长仿宋体样式

图 2-25　设置长仿宋体字体名

（2）"数字字母"字体的设置

在图 2-22 中用鼠标点击"新建（N）…"按钮，在图 2-23 中输入"数字字母"样式名并点击"确定"按钮确认，在"字体名"的下拉式列表中选择"gbenor.shx"字体，如图 2-26 所示，然后点击"应用"按钮并关闭对话框，完成常用的两种字体的设置。如果要设置斜体，可在倾斜角度中输入角度值，或者选择"gbeitc.shx"字体，该字体本身就是斜体，所以无需再改变倾斜角度值。

各种字体还可以设置文字效果，如果要设置"颠倒"或"反向"的文字效果，只需在相应的按钮前打"√"即可，文字的"注释性"用于设置图纸空间的文字大小，本书暂时不做讨论。

2.2.2　"文字"的输入方法

在 CAD 软件中，输入文字有两种方法，一种是单行文字，一种是多行文字。单行

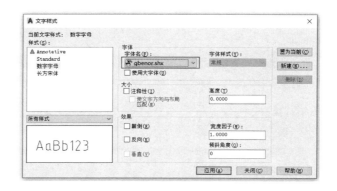

图 2-26 "数字字母"字体的设置

文字主要用于制作不需要使用多种字体的简短内容，多行文字主要用于制作一些复杂的文字性说明。

（1）单行文字输入

命令的调用方法：在命令行输入"DT"并回车，即可调用单行文本命令，或者用鼠标左键点击下拉式菜单"绘图"/"文字"/"单行文字"进行调用，如图 2-27（a）所示，还可以在"默认"选项卡的"注释"面板中点击"文字"/"单行文字"调用命令，如图 2-27（b）所示，然后在命令行根据提示进行文字的输入，命令提示如下：

(a)　　　　　(b)

图 2-27　单行文字输入命令的调用

命令：_text

当前文字样式："数字字母"文字高度:2.5000　注释性:否　对正:左

指定文字的起点　或[对正(J)/样式(S)]:s(更改输入文字的样式)

输入样式名或[?]＜数字字母＞:长仿宋体(默认的样式名为数字字母,现在要使用的文字样式名为长仿宋体)

当前文字样式："数字字母"　文字高度:2.5000　注释性:否　对正:左

指定文字的起点　或[对正(J)/样式(S)]:(在绘图区域拾取一点作为文字输入的起点位置)

指定高度＜2.5000＞:10(指定输入文字的字高大小,如果在设置文字样式时输入了文字的高度,此处将无法更改文字的高度)

指定文字的旋转角度＜0＞:"(输入文字与水平位置的旋转角度,此处为默认值。与设置文字样式时文字的倾斜角度不同)

输入的内容如图 2-28 所示。

机械制图
单行文字输入法

图 2-28　单行文字输入的内容

当用鼠标点击文字时，可以发现，每行文字都是独立的。

注：一行内容输入完成后按回车键换行，再输入下一行的内容，所有内容都输入完成后再按两次回车键结束命令。文字的对齐方式可以根据需要进行选择。

（2）多行文字输入

多行文字的命令调用方法：在命令行输入"T"并回车或在图 2-27（a）或图 2-27（b）中选择"多行文字（M）…"。根据命令行的操作提示输入矩形文本录入框的两个对角点的位置，在弹出图 2-29 所示的"文本编辑器"对话框中录入文字。在"文本编辑器"选项卡的"样式"面板中点击①处选择不同的文字样式以便输入汉字或数字字母等不同类型的文字；点击②处设置所需的文字字高；在"格式"面板中可以重新设置字体或字体的颜色、带下划线的字体、斜体、加粗字体等；段落面板中点击③处可以设置

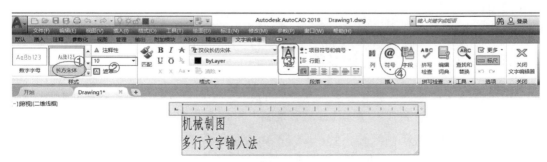

图 2-29　多行文字编辑器

文字的对正方式；在插入面板中点击④处可以插入特殊字符（表2-2）。

表 2-2　特殊符号的键盘输入方法

符号	键盘输入方法
φ（直径）	％％c
（°）（度）	％％d
±（正负号）	％％p
Ⅰ、Ⅱ、Ⅲ等	在文本编辑器对话框点击"插入""符号"/"其它…"，在"字符映射表"/"隶书"中选中进行选择和复制，再粘贴

2.2.3　"文字"编辑

（1）多行文本编辑

要编辑已经输入的文字内容，只要用鼠标左键双击要编辑的文字内容即可进行更改，如果要更改字体，对于多行文字输入的文本，只要选中要更改字体的文字，即可在图2-29中样式面板中进行修改。也可选中要编辑的文字，然后右击鼠标，选择"特性"或"快捷特性"，在弹出的对话框中进行修改。

（2）单行文本编辑

对于单行文字输入的单行文本，更改文本内容可以通过双击进行修改，如果要修改文字高度或字体，可点击选中文字，鼠标右击，选择"快捷特性"，在弹出的"快捷特性"对话框进行修改，或通过"特性"对话框进行修改。

 # 2.3　尺寸标注

工程图上用视图来反映零件的内外结构特征，零件各个结构的大小和结构之间的相互位置关系是通过给视图标注的尺寸来反映的，工程图中所有的线性尺寸单位均为mm。在制图国家标准中对于尺寸标注有相关的规定，在用CAD软件绘图时需要按照国标的要求来进行，为了得到符合制图国家标准要求的图样，需要对尺寸标注的样式进行相关的设置。

2.3.1　尺寸"标注样式"的设置

要设置尺寸标注的样式，可从"格式"下拉式菜单中点击"标注样式（D）…"，如图2-30所示，然后会弹出"标注样式管理器"对话框，如图2-31所示。

在图2-31中，标注样式有三种：①"▲Annotative"是注释性标注；②"ISO-25"是公制单位标注；③"Standard"是英制单位标注。本书选择第二种"ISO-25"公制单位标注，用该标注样式标注出来的尺寸，不完全符合我国制图国家标准的要求，需要对里面的相关参数进行重新设置。标注样式设置的方法是先用鼠标左键选择图 2-31 所示的标注样式中的"ISO-25"，然后点击对话框右侧的"修改（M）…"按钮，进入图 2-32"修改标注样式"对话框，在该对话框中共有线、符号和箭头、文字、调整、主单位、换算单位、公差 7 个选项卡，下面分别对相关选项卡进行相关参数的修改。

图 2-30　标注样式设置按钮

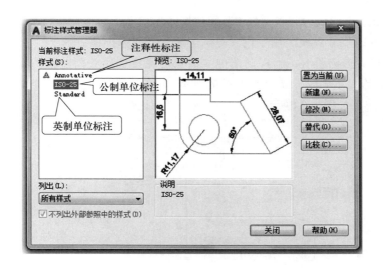

图 2-31　标注样式管理器

（1）基本设置

① 线选项卡：线选项卡是用来设置尺寸界线和尺寸线的。绘图时，通常需要设置一个独立的"图层"来用于尺寸标注，"图层"中已经设置好了颜色和线型，所以在"线"选项卡中尺寸线和尺寸界线的线型线宽和颜色与所在"图层"相同，保留"By-Block"选项。

在该选项卡中，通常只要修改"超出尺寸线（X）"和"起点偏移量（F）"两个参数，参数值如图 2-32 所示。该选项卡中的"隐藏尺寸线"和"隐藏尺寸界线"用于半

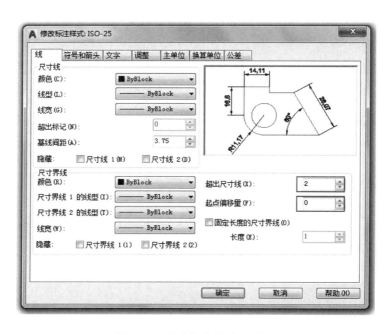

图 2-32　修改标注样式对话框

标注，可以根据需要隐藏相关选项。标注尺寸时选择第一点或线为"尺寸线 1"和"尺寸界线 1"，第二点或线为"尺寸线 2"和"尺寸界线 2"。

"固定长度的尺寸界线"用于设置等长度尺寸界线的标注。

② 符号和箭头选项卡：工程制图中"箭头"通常用实心闭合箭头，在制图国家标准中规定箭头的大小≥6d（d 为粗实线的线宽），在符号和箭头选项卡中，可以设定箭头的大小为 3.5，如图 2-33 所示，其余选项采用默认值。

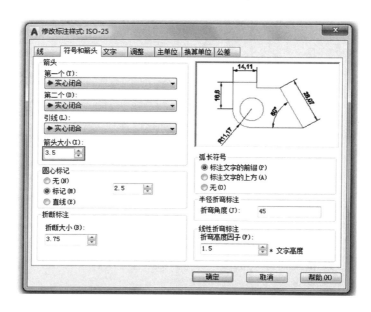

图 2-33　符号和箭头选项卡

③ 文字选项卡：尺寸标注时，所使用的字体为拉丁字母。文字样式在之前介绍文字样式设置时已经设置好，此时可以在"文字样式"列表中选择"数字字母"，如果之前没有设置文字样式，可以点击文字样式列表右侧的"…"按钮进行设置，设置完成后再回到"文字"选项卡进行选择。在 CAD 制图国家标准中，对文字的高度与所使用的图纸幅面的大小有关。A4～A2 图纸，文字高度为 3.5 号字，A1～A0 及以上用 5 号字，图 2-34 中设置的文字高度为 3.5（制图国家标准中规定的文字字号即表示文字高度，如 3.5 号字表示字高为 3.5mm）。如果标注的尺寸数值为理论正确尺寸，需要勾选"绘制文字边框"选项。修改后的参数如图 2-34 所示。

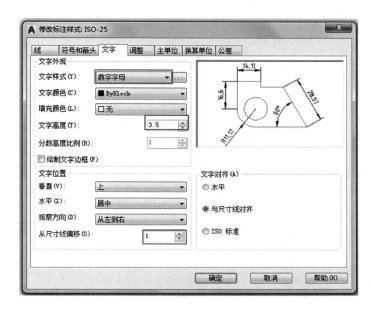

图 2-34　文字选项卡

在图 2-34 中，文字颜色保留默认设置，在文字位置中将"从尺寸线偏移"距离修改为 1，以免因尺寸数字与尺寸线距离太小影响读图时对于尺寸数字的阅读，其他保留默认设置，文字对齐方式有三种，保留默认"与尺寸线对齐"设置。

④ 调整选项卡：调整选项卡用于改善尺寸标注的美观性，在"调整选项"、"文字位置"和"标注特征比例"中保留默认设置；在"优化"选项中勾选"手动放置文字位置"，因为在尺寸标注规定中要求，尺寸数值不能写在图线上，而在"文字"选项卡中设置的文字位置是在尺寸线中间位置，勾选此选项可以在标注时灵活调整文字的位置，避免标注出的尺寸数字写在图线上。设置好的"调整"选项如图 2-35 所示。

⑤ 主单位选项卡：线性标注时，根据选择的标注对象的两个点，系统自动计算尺寸的数值大小，即默认测量尺寸数值。"单位格式"保持为小数，精度设置为 0，如果尺寸中有小数，需要在标注尺寸时另外重新输入值，这时数值中的小数点用"."。

测量单位的比例因子，按照"1∶1"比例绘图时，测量比例因子为 1，如果按放大比例绘图，这时如果还是用 1∶1 的比例因子标注尺寸，系统测量出来的数值将比零件的真实值大，这时应该输入小于 1 的比例因子，以保证得到的系统测量值为零件的真实

图 2-35　调整选项卡

尺寸，比如绘图比例为 2：1，输入的测量比例因子应该为 0.5。缩小比例绘图时比例因子大于 1，如按照 1：5 绘图时，输入的测量比例因子应该为 5，总之图形绘图比例值与测量比例因子乘积为 1，这样标注出来的尺寸数值才是零件的真实尺寸。其余的设置保留默认值，设置后的主单位如图 2-36 所示。

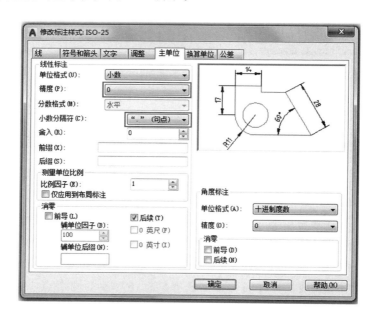

图 2-36　主单位选项卡

（2）特殊标注的样式设置

完成了 CAD 软件尺寸标注的基本设置，对于一般的线性尺寸能够符合要求，但是对于直径、半径和角度标注，还需要进行特殊的设置，才能符合制图国家标准的尺寸标注要求。为此，在刚才设置的线性标注样式的基础上设置三个标注子样式。

1)"角度"标注子样式设置

在国家制图标准中，规定任何方向和位置的角度值的数字都是水平书写，默认设置的角度数字是随着角度数值的方向和位置变化的。在图 2-37（a）中，选择已经设置好的"ISO-25"样式，点击"新建（N）…"按钮，弹出图 2-37（b）对话框，在"用于"选择框中选择"角度标注"，点击"继续"按钮进入"修改标注样式"对话框，在图 2-37（c）"文字"选项卡中，选择文字的文字"对齐方式"为"水平"选项，点击"确定"按钮，完成"角度"标注子样式的设置，如图 2-37（d）所示，可以看到在"ISO-25"样式的下一级出现了"角度"子样式。

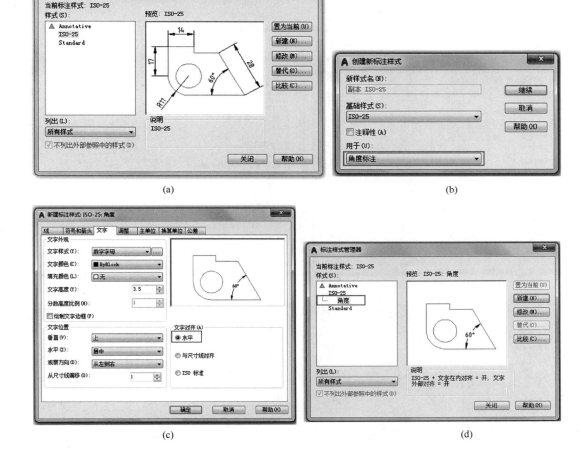

图 2-37　"角度"标注子样式设置

2)"半径"和"直径"标注子样式设置

制图国家标准规定，半径标注时，尺寸线要通过圆弧的圆心，如果在圆弧内放置不

33

第 2 章　基本绘图环境

下尺寸数字，还要用引线沿尺寸线延伸到圆弧外侧，这时通常要绘制水平引线放置尺寸数值。通过设置半径标注子样式可以达到这一要求。

在图 2-37（a）中选择"ISO-25"标注样式，点击"新建（N）…"按钮，弹出图 2-38（a）对话框，在"用于"选项中选择"半径标注"，点击"继续"按钮，进入图 2-38（b）中所示的"文字"选项卡，在"文字对齐"选项中，选择"ISO 标准"，点击"调整"选项卡，在图 2-38（c）中，在"调整选项"中选择"文字和箭头"选项；点击"确定"按钮，完成半径标注子样式的设置，如图 2-38（d）所示。

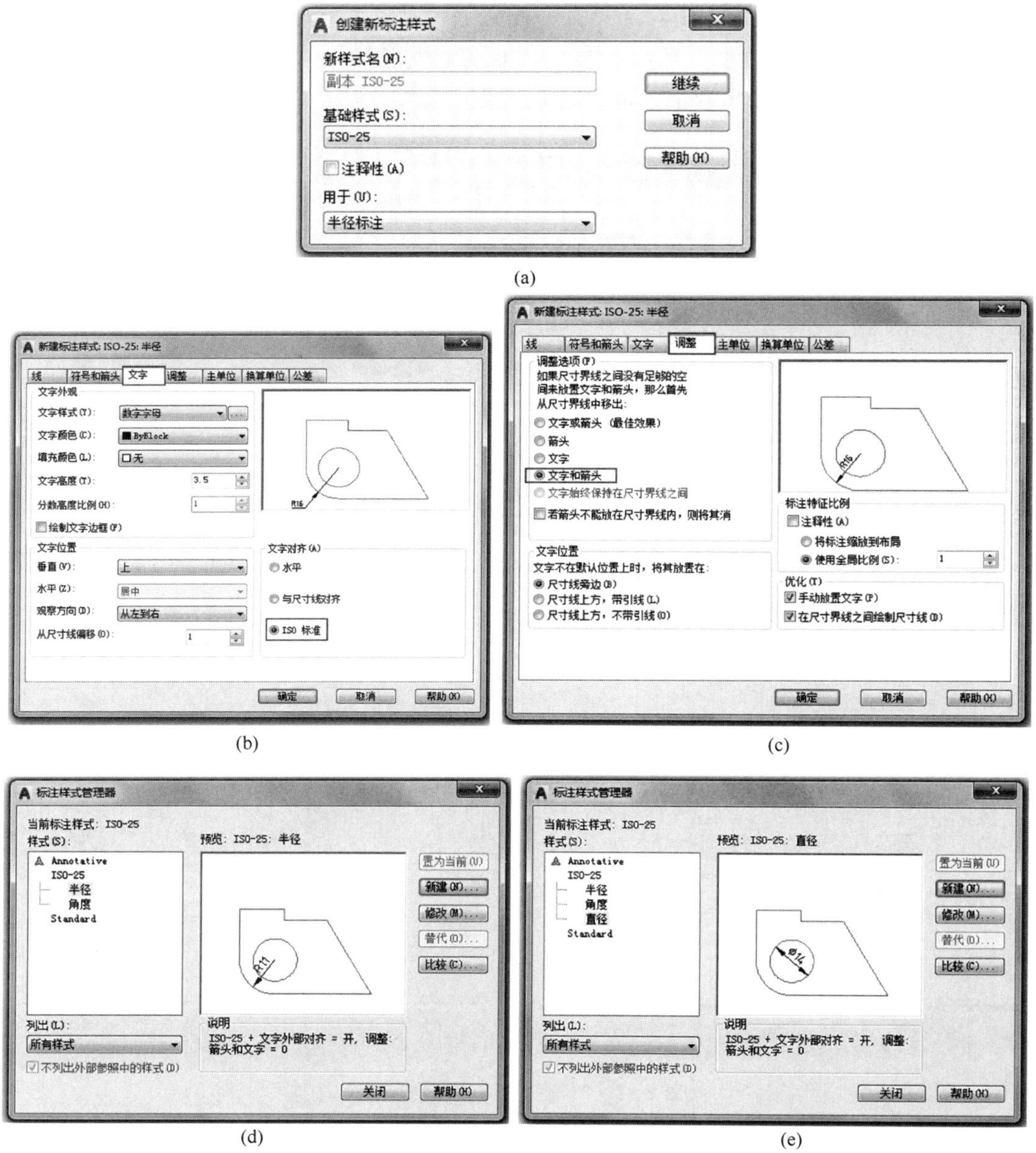

(a)

(b)

(c)

(d)

(e)

图 2-38 "半径"和"直径"标注子样式设置

中文版 AutoCAD 2018 二维绘图技术

"直径"标注子样式的设置方法与"半径"标注子样式的设置方法完全相同,设置好的直径标注子样式如图 2-38（e）所示。

"ISO-25"标注样式设置完成后,将该标注样式选中,点击"置为当前"按钮,然后点击"关闭"按钮,退出"标注样式管理器"对话框,在调用尺寸标注命令时将默认选择该标注样式进行尺寸标注。

（3）标注命令的调用

标注命令的调用有以下几种方法：

① 在"标注"下拉式菜单中,用鼠标左键点击相应的标注类型进行尺寸标注,如图 2-39（a）所示。

② 在"默认"选项卡的"注释"面板处点击所需的标注类型图标进行尺寸标注,如图 2-39（b）所示。

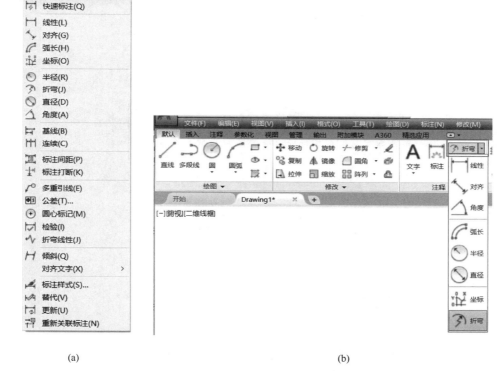

(a)　　　　　　　　　　　　　(b)

图 2-39　标注命令的调用

③ 在下拉式菜单中打开"标注"工具条,用鼠标点击工具条上相应的图标进行尺寸标注。要调用工具条,按照图 2-40（a）所示的位置点击"标注",即可在桌面显示图 2-40（b）所示的工具条,工具条上每一项标注的名称如图 2-40（b）所示。

(a)

(b)

图 2-40 "标注"工具条的调用

2.3.2 长度型尺寸标注

（1）线性标注

"线性标注"用于确定两点之间的水平距离或竖直距离。就是通过选中两个固定点来标注两个点之间的水平距离或竖直距离，或者标注水平线段或竖直线段的长度，标注尺寸时用鼠标左键点击 "⊢⊣" 图标，然后捕捉标注对象上的两个特征点并拖动鼠标，在合适的位置点击鼠标左键确定尺寸线的位置。在图 2-41 中，对线段 ab 进行线性标注时，点击 "⊢⊣"，调用线性标注命令，命令行的操作提示如下：

命令：DIMLINEAR

指定第一个尺寸界线原点或 ＜选择对象＞:（鼠标拾取 a 点）

指定第二条尺寸界线原点:（鼠标拾取 b 点,在具体操作时先选 a 点还是 b 点结果是一样的,除非要隐藏某个尺寸线和尺寸界线）

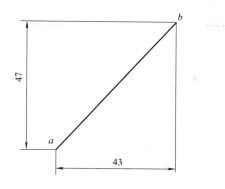

图 2-41　线性标注

　　指定尺寸线位置或

　　[多行文字(M)/文字(T)/角度(A)/水平(H)/垂直(V)/旋转(R)]：h(此处选择水平尺寸)

　　指定尺寸线位置或 [多行文字(M)/文字(T)/角度(A)]：(将鼠标拖动至合适的位置,主要要求避免把尺寸标注在视图的图线上)

　　标注文字＝43

　　命令：DIMLINEAR(重复前一次操作直接按回车键)

　　指定第一个尺寸界线原点或 ＜选择对象＞：(鼠标拾取 a 点)

　　指定第二条尺寸界线原点：(鼠标拾取 b 点)

　　创建了无关联的标注。

　　指定尺寸线位置或

　　[多行文字(M)/文字(T)/角度(A)/水平(H)/垂直(V)/旋转(R)]：v(此处选择垂直尺寸)

　　指定尺寸线位置或 [多行文字(M)/文字(T)/角度(A)]：(将鼠标拖动至合适的位置,主要要求避免把尺寸标注在视图的图线上)

　　标注文字＝47

　　(注：此例中也可以不输入水平和垂直选项,在选择标注的两个端点后拖动尺寸线处于水平时标注水平尺寸,处于竖直时标注垂直尺寸。如果线段没有按照比例来画,标注线段长度时可以通过输入 T 或 M 选项进行更改,下同。)

　　(2) 对齐标注

　　对齐标注用于确定一条斜线段的长度或两点间的倾斜距离。标注时用鼠标左键点击 "↘" 图标按钮,根据提示捕捉倾斜位置对象的两个特征点,拖动鼠标在合适的位置点击鼠标左键确定尺寸线的位置。如在标注图 2-42 所示线段 ab 的长度尺寸时,需要用 "对齐标注" 来完成。用鼠标左键点击 "↘" 图标按钮,选择线段 ab 的两个端点,拖动尺寸线放置在合适的位置即可完成线段的长度标注。命令行的操作提示如下：

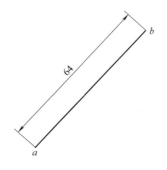

图 2-42　对齐标注

命令：_dimaligned

指定第一个尺寸界线原点或 <选择对象>：(用鼠标拾取 a 点)

指定第二条尺寸界线原点：(用鼠标拾取 b 点)

指定尺寸线位置或

[多行文字(M)/文字(T)/角度(A)]：(拖动鼠标在合适的位置点击鼠标左键确定尺寸线的位置)

标注文字＝64

（3）"半径"标注

"半径"标注用于标注小于等于半个圆的圆弧的尺寸。制图国家标准规定，对于小于等于半个圆的圆弧标注其半径尺寸，标注半径时通常保持尺寸线一端从圆心开始，尺寸线的另一端为圆弧的边界，只能靠圆弧一端绘制箭头。

"半径"标注的命令：鼠标点击 "⊘" 然后选择需要标注半径的圆弧，确定尺寸线的位置，完成圆弧的半径标注，同时尺寸线要避免与对称中心线重合。重复半径标注可直接按回车键调用"半径"标注命令。图 2-43 中为常见几种情况下半径尺寸的标注方法。命令行的提示如下：

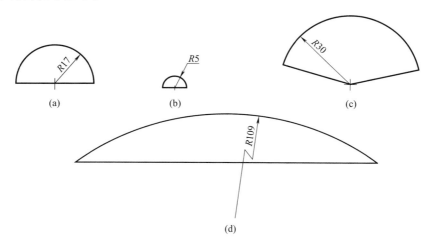

图 2-43　半径标注

图 2-43(a)的标注提示如下：

命令：_dimradius

选择圆弧或圆：

标注文字＝17

指定尺寸线位置或 ［多行文字(M)/文字(T)/角度(A)］：

图 2-43(b)的标注提示如下：

命令：DIMRADIUS

选择圆弧或圆：

标注文字＝5

指定尺寸线位置或 ［多行文字(M)/文字(T)/角度(A)］：（因为图形比较小，图形里面放不下尺寸箭头和数值。因此鼠标向外拖动，将尺寸放置在图形外侧）

图 2-43(c)的标注提示如下：

命令：DIMRADIUS

选择圆弧或圆：

标注文字＝30

指定尺寸线位置或 ［多行文字(M)/文字(T)/角度(A)］：

如果标注大圆弧，其圆心有时不一定在图中或圆心离视图轮廓线很远，这时需要用"⟋"半径标注。图 2-43（d）的命令行操作提示如下：

命令：_dimjogged

选择圆弧或圆：

选择圆弧或圆：

指定图示中心位置：（此处需指定一个假想放置圆弧中心点的位置）

标注文字＝109

指定尺寸线位置或 ［多行文字(M)/文字(T)/角度(A)］：

指定折弯位置：

（4）"直径"标注

在制图国家标准中规定，对于圆或是大于半个圆的圆弧需要标注其直径尺寸（包括两段等径同心圆弧）。圆的直径尺寸标注时尺寸线通过圆心，两端边界落在圆弧上，边界两端都有箭头指向圆弧边界，尺寸线要避免与圆的对称中心线重合。

"直径"标注的命令：用鼠标左键点击 "◯" 图标按钮，然后鼠标选择需要标注直径的圆或圆弧，指定尺寸线位置，完成直径标注。图 2-44 所示的直径标注在命令行的操作提示如下：

图 2-44(a)的标注提示如下：

命令：_dimdiameter

选择圆弧或圆：（用鼠标左键选择圆）

标注文字＝40

指定尺寸线位置或 ［多行文字(M)/文字(T)/角度(A)］：（避免尺寸线与对称中心线

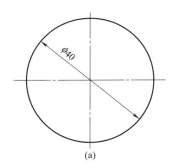
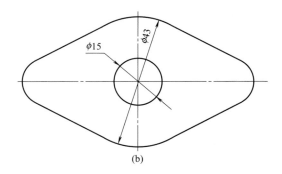

(a)
(b)

图 2-44　直径标注

重合）

  图 2-44（b）的标注提示如下：

  命令：DIMDIAMETER

  选择圆弧或圆：（用鼠标左键选择小圆）

  标注文字＝15

  指定尺寸线位置或［多行文字（M）/文字（T）/角度（A）］：

  命令：DIMDIAMETER

  选择圆弧或圆：（用鼠标左键选择圆弧）

  标注文字＝43

  指定尺寸线位置或［多行文字（M）/文字（T）/角度（A）］：（避免尺寸线标注到切线位置）

  （5）"基线"标注

  "基线"标注指一系列标注始于一个公共点，它们共用第一条尺寸界限。使用"基线"标注命令之前，需要先标注一个尺寸，接着才能调用"基线"标注命令。标注第一个尺寸时选择的第一点即为公共尺寸界线的位置。如图 2-45（a）所示，先标注尺寸

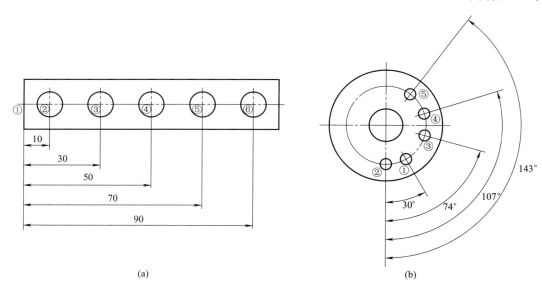

(a)
(b)

图 2-45　基线标注

10，标注尺寸 10 时第一点选择中心线与左边线的交点①，第二点选择第一个圆的圆心②，然后在标注工具条中鼠标点击"⊢"，分别选择③④⑤⑥四个圆的圆心点即可完成基线标注。图 2-45 所示图形的"基线"标注的命令行操作提示如下：

图 2-45(a)操作提示如下：

命令：_dimlinear

指定第一个尺寸界线原点或 ＜选择对象＞:(用鼠标左键捕捉①点)

指定第二条尺寸界线原点:(用鼠标左键捕捉②点)

指定尺寸线位置或

［多行文字(M)/文字(T)/角度(A)/水平(H)/垂直(V)/旋转(R)］:(拖动鼠标放置文字位置)

标注文字＝10

命令：

命令：

命令：_dimbaseline　(调用"基线"标注命令,注意只有完成第一个标注后才可以用"基线"标注命令)

指定第二个尺寸界线原点或［选择(S)/放弃(U)］＜选择＞:(选择圆心③)

标注文字＝30

指定第二个尺寸界线原点或［选择(S)/放弃(U)］＜选择＞:(选择圆心④)

标注文字＝50

指定第二个尺寸界线原点或［选择(S)/放弃(U)］＜选择＞:(选择圆心⑤)

标注文字＝70

指定第二个尺寸界线原点或［选择(S)/放弃(U)］＜选择＞:(选择圆心⑥)

标注文字＝90

指定第二个尺寸界线原点或［选择(S)/放弃(U)］＜选择＞:

选择基准标注：…＊取消＊

图 2-45(b)操作提示如下：

命令：_dimangular

选择圆弧、圆、直线或 ＜指定顶点＞:(选择第一个圆的中心线①)

选择第二条直线:(选择第二个圆的中心线②)

指定标注弧线位置或［多行文字(M)/文字(T)/角度(A)/象限点(Q)］:

标注文字＝30

命令：

命令：

命令：_dimbaseline(调用"基线"标注命令)

指定第二个尺寸界线原点或［选择(S)/放弃(U)］＜选择＞:(选择第二个圆的中心线③)

标注文字＝74

指定第二个尺寸界线原点或［选择(S)/放弃(U)］＜选择＞:(选择第三个圆的中心

线④)

标注文字=107

指定第二个尺寸界线原点或［选择(S)/放弃(U)］＜选择＞:(选择第四个圆的中心线⑤)

标注文字=143

指定第二个尺寸界线原点或［选择(S)/放弃(U)］＜选择＞:

（6）"连续"标注

"连续"标注用于标注在同一个方向上连续的线型或角度的尺寸,该命令用于从上一个尺寸标注或选定对象的第二条尺寸界线处开始创建新的线性、角度或坐标的连续标注。"连续"标注第一个尺寸的第二条尺寸界线为下一个尺寸标注的第一条尺寸界线。如图 2-46 所示。

"连续"标注命令的调用:先标注一个基本尺寸,然后点击标注工具条中"   "选择③④⑤⑥四圆的圆心,完成连续尺寸的标注。命令行的提示如下:

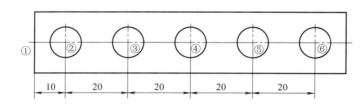

图 2-46 "连续"标注

命令: _dimlinear(调用"线性"标注命令)

指定第一个尺寸界线原点或 ＜选择对象＞:(用鼠标左键捕捉①点)

指定第二条尺寸界线原点:(选择第一个圆的中心线②)

指定尺寸线位置或

［多行文字(M)/文字(T)/角度(A)/水平(H)/垂直(V)/旋转(R)］:(在合适的位置放置第一个尺寸线)

标注文字=10

命令:

命令:

命令: _dimcontinue(调用"连续"标注命令,注意只有标注了第一个尺寸后才可以使用该命令)

指定第二个尺寸界线原点或［选择(S)/放弃(U)］＜选择＞:(选择第二圆的圆心③)

标注文字=20

指定第二个尺寸界线原点或［选择(S)/放弃(U)］＜选择＞:(选择第三圆的圆心④)

标注文字=20

指定第二个尺寸界线原点或［选择(S)/放弃(U)］＜选择＞:(选择第四圆的圆心⑤)

标注文字=20

指定第二个尺寸界线原点或［选择(S)/放弃(U)］＜选择＞：(选择第五圆的圆心⑥)

标注文字＝20

指定第二个尺寸界线原点或［选择(S)/放弃(U)］＜选择＞：

选择连续标注：

2.3.3 "角度"标注

"角度"标注用于标注两条直线的夹角、圆弧的圆心角或顶点之间的夹角。两条直线之间的夹角，可以是内角、外角或大于180°的角。使用"角度"标注两条直线命令时，可以先确定顶点，然后确定夹角的类型。

"角度"标注的命令：用鼠标左键点击"△"图标按钮，然后根据提示进行下一步操作。图2-47所示为常见的几种角度标注方法，"角度"标注时命令行的操作提示如下：

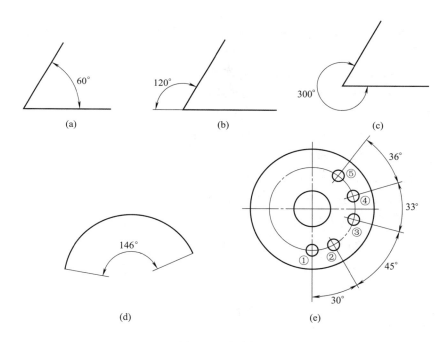

图 2-47　角度标注

图 2-47(a)的标注提示如下：

命令：_dimangular(调用"角度"标注命令)

选择圆弧、圆、直线或 ＜指定顶点＞：(选择第一条直线)

选择第二条直线：(选择第二条直线)

指定标注弧线位置或［多行文字(M)/文字(T)/角度(A)/象限点(Q)］：(拖动鼠标在两条直线夹角的内侧合适的位置放置尺寸线)

标注文字＝60

图 2-47(b)的标注提示如下：

命令：DIMANGULAR

选择圆弧、圆、直线或 ＜指定顶点＞：(选择第一条直线)

选择第二条直线：(选择第二条直线)

指定标注弧线位置或 ［多行文字(M)/文字(T)/角度(A)/象限点(Q)］：(拖动鼠标在两条直线夹角的外侧合适的位置放置尺寸线)

标注文字＝120

图 2-47(c)的标注提示如下：

命令：DIMANGULAR

选择圆弧、圆、直线或 ＜指定顶点＞：(选择默认方式为指定顶点，所以此处直接回车)

指定角的顶点：(指定顶点，捕捉两条直线的交点)

指定角的第一个端点：(用鼠标左键捕捉其中一条直线除交点之外的其他点，通常捕捉另一个端点)

指定角的第二个端点：(用鼠标左键捕捉另外一条直线除交点之外的其他点，通常捕捉另一个端点)

指定标注弧线位置或 ［多行文字(M)/文字(T)/角度(A)/象限点(Q)］：(拖动鼠标在两条直线夹角的外侧合适的位置放置尺寸线)

标注文字＝300

命令：指定对角点或 ［栏选(F)/圈围(WP)/圈交(CP)］：

图 2-47(d)的标注提示如下：

命令：_dimangular(调用"角度"标注命令)

选择圆弧、圆、直线或 ＜指定顶点＞：(选择圆弧)

指定标注弧线位置或 ［多行文字(M)/文字(T)/角度(A)/象限点(Q)］：(拖动鼠标在合适的位置放置尺寸线，可以放在圆弧内侧或外侧)

标注文字＝146

图 2-47(e)命令行提示如下：

命令：_dimangular(调用"角度"标注命令)

选择圆弧、圆、直线或 ＜指定顶点＞：(用鼠标左键拾取圆,点竖直中心线①,如果要指定"顶点"请直接回车,然后选择中间小圆的圆心为顶点)

选择第二条直线：(用鼠标左键拾取第二个圆的圆心②)

指定标注弧线位置或 ［多行文字(M)/文字(T)/角度(A)/象限点(Q)］：(在合适的位置放置尺寸线)

标注文字＝30

命令：

命令：

命令：_dimcontinue(调用"连续"标注命令)

指定第二个尺寸界线原点或 ［选择(S)/放弃(U)］＜选择＞：(选择第三个圆的圆

心③）

标注文字＝45

指定第二个尺寸界线原点或［选择（S）/放弃（U）］＜选择＞：（选择第四个圆的圆心④）

标注文字＝33

指定第二个尺寸界线原点或［选择（S）/放弃（U）］＜选择＞：（选择第五个圆的圆心⑤）

标注文字＝36

指定第二个尺寸界线原点或［选择（S）/放弃（U）］＜选择＞：

选择连续标注：

2.3.4 "坐标"标注

"坐标"标注是确定某点在坐标系中的横坐标或纵坐标，坐标系可以是世界坐标系（笛卡儿坐标系），也可以是相对用户坐标系。

调用"坐标"标注命令时，用鼠标左键点击" "，拾取要标注坐标的点，拖动光标，确定是标注"X基准尺寸"还是"Y基准尺寸"，在合适的位置放置标注的坐标尺寸。图2-48（a）为世界坐标系的坐标标注法所得到的结果，图2-48（b）为用户坐标系标注法所得到的结果。标注"坐标"尺寸时，命令行的操作提示如下：

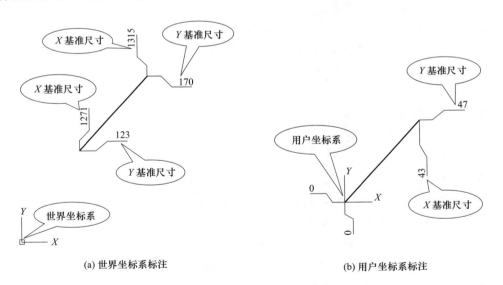

(a) 世界坐标系标注   (b) 用户坐标系标注

图 2-48　坐标标注

图2-48(a)的标注提示如下：

命令：_dimordinate（调用"坐标"标注命令）

指定点坐标：（捕捉线段左下角端点）

创建了无关联的标注。

指定引线端点或［X基准（X）/Y基准（Y）/多行文字（M）/文字（T）/角度（A）］：（拖动光标使其处于"X基准尺寸方向"，或输入"X"并回车，选择"X基准"，在合适的位置放置尺寸线）

标注文字＝1271

命令：DIMORDINATE（重复前一次操作直接回车）

指定点坐标：（捕捉线段左下角端点）

创建了无关联的标注。

指定引线端点或［X基准（X）/Y基准（Y）/多行文字（M）/文字（T）/角度（A）］：（拖动光标使其处于"Y基准尺寸方向"，或输入"Y"并回车，选择"Y基准"，在合适的位置放置尺寸线）

标注文字＝123

命令：DIMORDINATE

指定点坐标：（捕捉线段右上角点）

创建了无关联的标注。

指定引线端点或［X基准（X）/Y基准（Y）/多行文字（M）/文字（T）/角度（A）］：（拖动光标使其处于"X基准尺寸方向"，或输入"X"并回车，选择"X基准"，在合适的位置放置尺寸线）

标注文字＝1315

命令：DIMORDINATE

指定点坐标：（捕捉线段右上角点）

指定引线端点或［X基准（X）/Y基准（Y）/多行文字（M）/文字（T）/角度（A）］：（拖动光标使其处于"Y基准尺寸方向"，或输入"Y"并回车，选择"Y基准"，在合适的位置放置尺寸线）

标注文字＝170

图2-48（b）的标注提示如下：

命令：UCS（调用用户坐标系命令）

当前 UCS 名称：＊世界＊

指定 UCS 的原点或［面（F）/命名（NA）/对象（OB）/上一个（P）/视图（V）/世界（W）/X/Y/Z/Z轴（ZA）］＜世界＞：（指定用户坐标系的原点，此处用鼠标捕捉线段左下端点作为用户坐标系的原点）

指定 X 轴上的点或 ＜接受＞：（在 X 轴方向上选择任意一点）

指定 XY 平面上的点或 ＜接受＞：（在 Y 轴方向上选择任意一点）

命令：DIMORDINATE（调用"坐标"标注命令）

指定点坐标：

指定引线端点或［X基准（X）/Y基准（Y）/多行文字（M）/文字（T）/角度（A）］：y

指定引线端点或［X基准（X）/Y基准（Y）/多行文字（M）/文字（T）/角度（A）］：

标注文字＝47

（注：用户坐标系的建立方法）

2.3.5 快速标注

在 CAD 中，有时需要创建一些相互关联的标注，这些标注有基线标注、连续标注和快速标注。

快速标注可以将性质相同的标注一次标注完成。

快速标注的命令调用：点击""，选择要标注尺寸的对象和标注的类型，然后完成快速标注。如图 2-49 所示，要完成图中所有圆的直径的标注，选择快速标注命令后，选择图中的所有圆，然后选择标注类型为"直径"并指定尺寸线的位置，即可一次完成所有圆直径的标注，命令的提示如下：

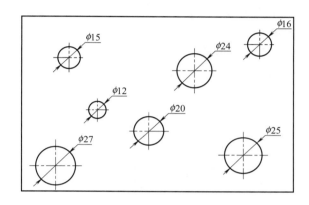

图 2-49　快速标注

命令：_qdim

关联标注优先级＝端点

选择要标注的几何图形：指定对角点：找到 22 个

选择要标注的几何图形：

指定尺寸线位置或［连续(C)/并列(S)/基线(B)/坐标(O)/半径(R)/直径(D)/基准点(P)/编辑(E)/设置(T)］＜基线＞:d

指定尺寸线位置或［连续(C)/并列(S)/基线(B)/坐标(O)/半径(R)/直径(D)/基准点(P)/编辑(E)/设置(T)］＜直径＞:

2.4　尺寸标注的编辑

工程上有时会对原有图纸进行部分尺寸修改，其结构形状不变，这时图纸中的尺寸大小与图线要素之间就失去对等关系。在 CAD 绘图中，可以通过更改已有的尺寸标注，使其达到修改工程图纸的要求，要修改标注的尺寸可以在标注尺寸时输入单行文字或多行文字选项，通过删除系统测量值来重新赋值，或者通过编辑已有的尺寸标注达到修改尺寸的目的。

2.4.1 编辑标注

"编辑标注"用来对标注的外观进行调整，如标注位置、新建标注类型、尺寸界线倾斜、文字旋转等，可以一次编辑多个标注。

"编辑标注"命令的调用：用鼠标左键点击标注工具条中" "图标按钮，根据要编辑标注的尺寸要求，选择要"编辑标注"的选项，然后根据命令行的提示完成标注尺寸的选择，完成对标注尺寸的编辑。图 2-50（b）中标注轴的每一段直径，标注时要在尺寸数值前加上直径符号"ϕ"，在用"线性标注"进行尺寸标注时，每标注一个尺寸就要输入一次"ϕ"，会花费时间，如果用"线性标注"将尺寸标注成图 2-50（a）所示的样式，然后用标注编辑命令添加"ϕ"符号会更快捷。要得到图 2-50（d）中所标注的尺寸界线倾斜，就要先用"线性标注"将尺寸标注成图 2-50（c），然后再用编辑标注进行倾斜。图 2-50（b）和图 2-50（d）的"编辑标注"操作在命令行的提示如下：

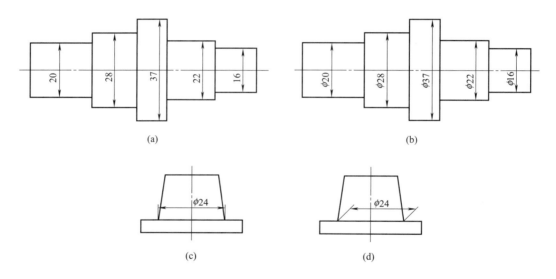

图 2-50　编辑标注

图 2-50（b）标注编辑命令提示：

命令：_dimedit

输入标注编辑类型［默认（H）/新建（N）/旋转（R）/倾斜（O）］＜默认＞：n（输入"新建"选项，这时在桌面会显示"文字编辑器"界面，在" "中①的位置加上直径符号 ϕ）（ϕ 符号在对话框中选择符号插入或者输入％％c）

选择对象：指定对角点：找到 5 个（选择要编辑的 5 个尺寸）

选择对象：（完成编辑标注）

图 2-50（d）的命令行提示：

命令：_dimedit

输入标注编辑类型［默认(H)/新建(N)/旋转(R)/倾斜(O)］＜默认＞：O(输入"倾斜"选项)

选择对象：找到 1 个

选择对象：

输入倾斜角度（按 ENTER 表示无）：45

2.4.2 标注更新

图形中使用某一种标注样式标注了尺寸之后，如果要将该标注更改到另一个标注样式下，可以使用"标注更新"。要进行"标注更新"，需要至少设置两个不同的标注样式，查询标注样式列表的位置如图 2-51 所示，窗口中所示的标注样式为当前标注样式。

进行"标注更新"时，先要将更新后的标注样式置为当前标注样式，然后点击"  "图标按钮，最后选择要更新的尺寸标注，即可完成标注样式的更新。如图 2-52 所示，将图 2-52（a）的标注样式更新为图 2-52（b），命令行的操作提示如下：

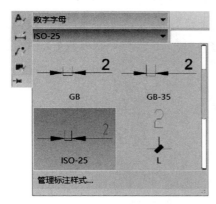

(a) 标注面板中的标注样式   (b) 标注工具条中的标注样式

图 2-51　标注样式列表

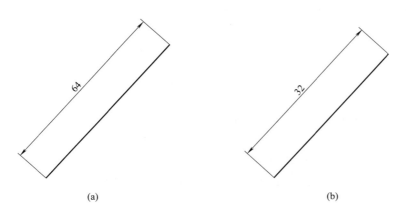

(a)   (b)

图 2-52　标注更新

命令：_-dimstyle(将111标注样式置为当前标注样式后调用"标注更新"命令)

当前标注样式：111 注释性：否

输入标注样式选项

[注释性(AN)/保存(S)/恢复(R)/状态(ST)/变量(V)/应用(A)/?]＜恢复＞：_apply

选择对象：找到1个

选择对象：

2.4.3 标注间距

图形中的尺寸，要尽可能保证同方向的尺寸，小尺寸在里面，大尺寸在外面，避免尺寸线和尺寸界线相交，并且保证尺寸线之间保持相同的距离，但是在尺寸标注过程中都是先大体确定尺寸线的位置，等标注完成后进行尺寸线之间距离的调整。

要调整同方向尺寸线之间的距离，应用"标注间距"按钮"▓"命令进行调整，调用命令后首先选择用于"基准标注"的尺寸，接着选择需要产生间距的所有尺寸，最后根据命令行的提示输入产生间距的距离，从而完成尺寸间距的调整。如图2-53中的尺寸标注，由图2-53（a）调整到图2-53（b）等间距标注，命令行的操作提示如下：

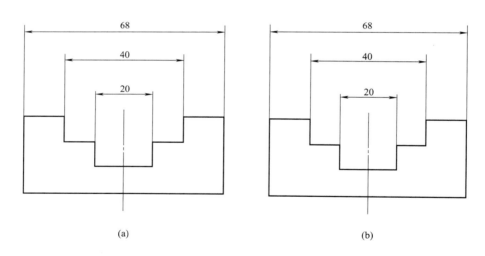

图 2-53 标注间距

命令：_DIMSPACE(调用"标注间距"命令)

选择基准标注：(选择尺寸20作为基准进行标注间距的调整)

选择要产生间距的标注：找到1个

选择要产生间距的标注：找到1个,总计2个(依次选择另外两个尺寸作为要调整间距的尺寸)

选择要产生间距的标注：10(输入间距)

2.4.4　折断标注

"折断标注"用于将两尺寸线和尺寸界线相交的尺寸标注中的一个尺寸界线或尺寸线打断，避免尺寸线或尺寸界线直接相交，提高尺寸标注的清晰程度。

要执行"折断标注"操作时，先用鼠标点击"▦"图标按钮，然后选择要折断的尺寸，最后选择要折断标注的对象。如图 2-54 所示，要将图 2-54（a）中的尺寸 50 和 70 与尺寸 55 尺寸界线相交的地方打断成图 2-54（b）所示的情形，其操作过程的命令行操作提示如下：

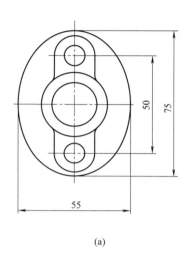 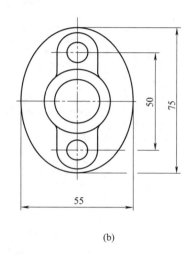

(a)　　　　　　　　　　　　　　　(b)

图 2-54　折断标注

命令：_DIMBREAK（调用"折断标注"命令）
选择要添加/删除折断的标注或［多个（M）］：m（输入"多个"选项）
选择标注：找到 1 个
选择标注：找到 1 个，总计 2 个（选择尺寸 50 和 70）
选择标注：（回车结束选择添加折断的尺寸）
选择要折断标注的对象或［自动（A）/删除（R）］＜自动＞：
选择要折断标注的对象：（选择折断标注需要折断标注位置的尺寸）
2 个对象已修改（完成"折断标注"）

 ## 2.5　样板图

画图时需要对绘图环境进行一系列的设置，以满足我国制图国家标准的要求，本章前面部分的设置就是为了绘图时能够快速应用。工程上常常把这些绘图环境的设置保存成一个可供重复使用的文件——样板图，样板文件的扩展名为".dwt"。

2.5.1 样板图的保存

将设置好图层、文字样式、尺寸标注样式等绘图环境的文件保存为样板文件，文件的默认保存路径为"C：\ Users \ dell \ appdata \ local \ autodesk \ autocad 2018 \ r22.0 \ chs \ template"，如图 2-55 所示。

图 2-55　样板图保存

2.5.2 样板图的调用

画图时，要打开样板图，在"快速入门"面板处，选择"样板"，在样板的列表中选择已经设置好的样板文件"GB样板图"，如图 2-56 所示，即可在打开的"GB样板图"样板文件里绘图，绘图完成即可保存成图形文件，图形文件的扩展名为".dwg"。为了方便使用，可以将"GB样板图"设置为默认样板文件，设置的方法是：打开下拉式菜单中"工具"/"选项…"/"文件"/"样板设置"/"快速新建的默认样板文件名"/"无"/"浏览"（选择需要设置为默认模板的样板文件）/"确定"。默认样板图模板的设置界面如图 2-57（a）、图 2-57（b）所示。绘图时，打开 CAD 软件，进入软件界面后用鼠标左键点击图 2-57（c）"开始绘制"界面，直接打开默认样板文件进行绘图工作。

图 2-56 打开样板图

(a)

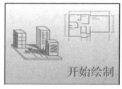

(b) (c)

图 2-57　设置默认样板文件

本章主要介绍常用的绘图环境的设置，包括图层、文字样式、尺寸标注样式以及样板文件的设置与保存方法。作为绘制图形所必需的基础工作，本章内容为后续绘图工作的顺利完成打下了基础。

训 练 提 高

1. 按下表的要求设置常用的图层、线型、颜色和线宽。

序号	图层名称	线型	颜色	线宽
1	轮廓线	Continuous	白色	0.5
2	细虚线	ACAD_ISO02W100	黄色	0.25
3	细点画线	CENTER	红色	0.25
4	细双点画线	PHANTOM2	粉色	0.25
5	细实线	Continuous	绿色	0.25
6	细波浪线	Continuous	绿色	0.25
7	尺寸标注	Continuous	绿色	0.13
8	文字	Continuous	绿色	0.13

2. 按下表的要求设置文字样式。

序号	样式名称	字体名称	宽度因子
1	数字	gbenor.shx	1
2	字母	gbenor.shx	1

序号	样式名称	字体名称	宽度因子
3	长仿宋体	汉仪长仿宋体	1
4	宋体	宋体	1
5	仿宋体	仿宋	0.7

3. 设置机械制图尺寸标注样式。

（1）新样式名：机械制图（2：1）

a. 线选项卡：超出尺寸线距离为2，起点偏移量为0。

b. 符号和箭头选项卡：箭头和引线箭头均为实心闭合箭头，箭头大小3.5。

c. 文字选项卡：文字样式为数字和字母，字体为 gbenor. shx，字高为3.5，文字位置从尺寸线偏移1。

d. 调整选项卡：勾选"手动放置文字"。

e. 主单位选项卡：线性标注精度为0，小数点分隔符为句点，测量比例因子为0.5。

（2）直径标注子样式设置

a. 文字选项卡：文字对齐方式为"ISO标准"。

b. 调整选项卡："√"选"调整选项"中的"文字和箭头"选项。

（3）半径标注子样式设置

a. 文字选项卡：文字对齐方式为"ISO标准"。

b. 调整选项卡："√"选"调整选项"中的"文字和箭头"选项。

（4）角度标注子样式设置

文字选项卡：文字对齐方式为"水平"。

（5）将新建的标注样式置为当前

4. 设置常用的绘图样板文件。

（1）设置常用的图层：线型、线宽、颜色。

（2）设置文字样式：长仿宋体，字体为仿宋，宽度因子0.7；数字和字母，字体为 gbenor. shx，宽度因子1。

（3）设置尺寸标注样式，用于标注按照1：2比例绘制的工程图，包括直径、半径、角度标注子样式。

（4）保存文件为"1：2绘图比例的工程图. dwt"。

第3章
简单二维绘图

所有的图形都可由简单的图线围成，绘图时就是要使用适当的绘图命令去确定这些图线的形状、大小和位置关系。

 ## 3.1 坐标系与坐标输入法

绘图时需要确定图形中几何要素的位置，这时需要输入几何要素的起止点的位置，在 AutoCAD 中通过输入平面点的坐标值加以确定。

3.1.1 坐标系

坐标系有世界坐标系（笛卡尔坐标系 WCS）和用户坐标系（UCS），平面图形中包含 X 轴和 Y 轴。在默认情况下开始绘制一幅新图时，当前的坐标系为世界坐标系，正方向即为 X 轴和 Y 轴的箭头方向，输入坐标时以"X，Y"的格式，坐标值有正负，负值坐标值前面加"—"号。因为在 XY 平面内，图形中只含有两个方向的坐标，所以 Z 坐标值为 0。如果要重新设置坐标系，在命令行输入"UCS"并回车，根据命令行的提示重新选择坐标原点和 X 轴与 Y 轴的正方向即可，这时坐标系即为用户坐标系。

3.1.2 "坐标"的表示法和输入法

平面中点的坐标通常可以用绝对直角坐标和绝对极坐标或相对直角坐标和相对极坐标来表示。

（1）绝对坐标

绝对坐标输入的是坐标值与坐标系之间的位置关系。

1）点的绝对直角坐标表示方法：（X，Y）

例如某点的绝对坐标值是 X 方向为 30，Y 方向为 20，则在 AutoCAD 的命令行输入该点的绝对直角坐标为 30，20，X 和 Y 坐标值之间用逗号分开，输入时输入法要处于英文半角输入状态，下同。

2）点的绝对极坐标表示方法：（a＜θ）

极坐标表示法是用点到坐标原点的距离 a 和点到坐标原点的连线与 X 轴正方向的夹角 θ 来表示。例如某点到坐标原点的距离为 50，该点到坐标原点的连线与 X 轴正方向的夹角为 30°，则该点的绝对极坐标在 AutoCAD 的命令行输入 50＜30，θ 角度方向逆时针为正，顺时针为负，顺时针要在角度值前加"－"。

（2）相对坐标

相对坐标是用相对于前一点的坐标位置来确定下一点的坐标关系。

1）点的相对直角坐标表示方法：@（X，Y）

例如某点相对于前一点的 X 坐标增加 50，Y 坐标增加－40，在 AutoCAD 中输入该点的坐标时，在命令行输入"@50，－40"。

2）点的相对极坐标表示方法：@（a＜θ）

例如某点到前一点之间的距离为 100，该点到前一点的连线与 X 轴正方向的夹角为－30°，在 AutoCAD 中输入该点坐标时在命令行输入 @100＜－30（注：输入角度值时不需要输入"°"）。

 ## 3.2 常用绘图命令

绘图命令的调用方法通常有三种：命令行输入命令、下拉式菜单点击相应的绘图命令、工具条或选项卡面板点击图标

3.2.1 "直线"命令 Line

平面上的两点可以确定一条直线的位置，绘制直线时，先调用直线命令，然后根据要求输入直线的两个端点的坐标，即可完成线段的绘制（注：这里的直线实际上是线段）。

"直线"命令的调用：在命令行输入 Line（L）（注：括号内为简化命令，下同）然后回车或在下拉菜单用鼠标左键点击"绘图"/"直线"或在"绘图"工具条中用鼠标左键点击" "图标按钮。图 3-1 所示图形的绘图操作命令行的提示如下：

命令：L

LINE

指定第一个点：（在屏幕的适当位置鼠标左键点击确定①点）

指定下一点或［放弃(U)］：@0，－30（输入②点的相对坐标）

指定下一点或［放弃(U)］：@45，0（输入③点的相对坐标）

指定下一点或［闭合(C)/放弃(U)］：@45，40（输入④点的相对坐标）

指定下一点或［闭合(C)/放弃(U)］：@35，0（输入⑤点的相对坐标）

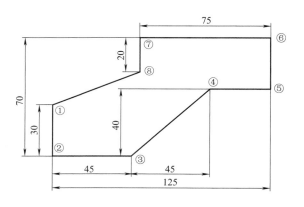

图 3-1　直线绘制

指定下一点或［*闭合(C)/放弃(U)*］：*@0,30(输入⑥点的相对坐标)*

指定下一点或［*闭合(C)/放弃(U)*］：*@－75,0(输入⑦点的相对坐标)*

指定下一点或［*闭合(C)/放弃(U)*］：*@0,－20(输入⑧点的相对坐标)*

指定下一点或［*闭合(C)/放弃(U)*］：*c(输入闭合选项回车后结束绘图命令)*

(完成图形的绘制)

图 3-1 所示图形还可以通过设置状态栏的功能按钮，实现更快速的绘图。按 F8 键使状态栏中"正交"按钮" ⌐ "处于亮显，然后开始绘图，对于处于水平或竖直状态的线段，只需输入其点的一个坐标值就可确定点的位置（即输入线段的水平或竖直长度），在命令行的操作提示如下：

命令：I LINE

指定第一个点：(在屏幕的适当位置鼠标左键点击确定①点)

指定下一点或［*放弃(U)*］：*30(将光标向下拖动,输入②点的相对纵坐标值)*

指定下一点或［*放弃(U)*］：*45(将光标向右拖动,输入③点的相对横坐标值)*

指定下一点或［*闭合(C)/放弃(U)*］：*@45,40(输入④点的相对坐标)*

指定下一点或［*闭合(C)/放弃(U)*］：*35(将光标向右拖动,输入⑤点的相对横坐标值)*

指定下一点或［*闭合(C)/放弃(U)*］：*30(将光标向上拖动,输入⑥点的相对横坐标值)*

指定下一点或［*闭合(C)/放弃(U)*］：*75(将光标向左拖动,输入⑦点的相对横坐标值)*

指定下一点或［*闭合(C)/放弃(U)*］：*20(将光标向下拖动,输入⑧点的相对横坐标值)*

指定下一点或［*闭合(C)/放弃(U)*］：*c(输入闭合选项回车后结束绘图命令)*

或按 F10 键使得状态栏中"极轴"按钮" ◔ "处于亮显（"正交"按钮和"极轴"按钮不可同时起作用），绘图过程中，当光标移动后出现对齐路径时输入坐标的一个值（注：输入坐标值时不要移动鼠标，以免破坏对齐状态），也可以实现快速绘图。

3.2.2 "圆"命令 Circle

给定圆的直径或半径可以绘制圆，绘制圆的方式有：圆心半径方式、两点方式、三

中文版 AutoCAD 2018 二维绘图技术

点方式、两个切点半径方式和三个切点等方式。

调用"圆"的命令：在命令行输入 Circle（C）并回车或用鼠标左键点击"绘图"工

具条上的" 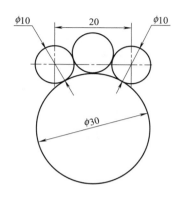 "图标按钮或从下拉式菜单用鼠标左键点击"绘图"/"圆"的下级菜单中

选择相应的画圆的方式。如图 3-2 所示图形，其画图操作过程中在命令行的提示如下：

图 3-2 "圆"命令绘图

第一步:绘制左上角 φ10 的圆

命令:_circle

指定圆的圆心或[三点(3P)/两点(2P)/切点、切点、半径(T)]:

指定圆的半径或[直径(D)]:5(或输入 D 选项并回车,然后输入直径值 10)

第二步:绘制右上角 φ10 的圆

命令:CIRCLE(重复使用上一次命令,直接回车)

指定圆的圆心或[三点(3P)/两点(2P)/切点、切点、半径(T)]:20(指定两圆心之间的距离,此时需打开状态栏中的对象捕捉和对象捕捉追踪)

指定圆的半径或[直径(D)]<5.0000>:

第三步:绘制圆中心线(切换当前图层为点画线图层)

命令:L LINE

指定第一个点:

指定下一点或[放弃(U)]:

指定下一点或[放弃(U)]:

命令:LINE

指定第一个点:

指定下一点或[放弃(U)]:

指定下一点或[放弃(U)]:

命令:LINE

指定第一个点:

指定下一点或[放弃(U)]:

指定下一点或[放弃(U)]:

第四步：绘制 φ30 的圆

命令：C CIRCLE

指定圆的圆心或［三点(3P)/两点(2P)/切点、切点、半径(T)］：T(选择相切、相切、半径方式)

指定对象与圆的第一个切点：

指定对象与圆的第二个切点：

指定圆的半径＜5.0000＞：15

第五步：绘制上面中间的圆(从绘图下拉式菜单选择"圆"/"相切、相切、相切"画圆的方式)

命令：_circle

指定圆的圆心或［三点(3P)/两点(2P)/切点、切点、半径(T)］：_3p

指定圆上的第一个点：_tan 到(指定与圆的第一个切点)(注：捕捉的切点要靠近图形中大概切点的位置，下同)

指定圆上的第二个点：_tan 到(指定与圆的第二个切点)

指定圆上的第三个点：_tan 到(指定与圆的第三个切点)

最后，整理图形，通过改变对象线型比例调整点画线的显示状态，保证图形的线型线宽使用正确并标注尺寸。

3.2.3 "圆弧"命令 ARC

"圆弧"可以看作是圆的一部分，有时图形中的圆弧需要用圆命令先绘制圆，然后通过对圆进行编辑来得到圆弧，当不需要准确知道圆弧的半径时，这时考虑用圆弧命令来绘制圆弧。

调用"圆弧"命令：在命令行输入 ARC 或 A 并回车或用鼠标左键点击"绘图"工具条上图标" "或者从下拉式菜单"绘图"/"圆弧"的下级菜单中选择圆弧的绘制方式。

"圆弧"的绘制方式有 11 种，绘图时根据已知的条件选择合适的绘制圆弧的方式，下面介绍常用的几种绘制圆弧的方法。

(1) 三点绘制圆弧的方式

顺次通过三个点生成圆弧，命令行提示如下：

命令：_arc

指定圆弧的起点或［圆心(C)］：(输入圆弧的起点坐标或捕捉圆弧起点位置)

指定圆弧的第二个点或［圆心(C)/端点(E)］：(输入圆弧的第二点坐标或捕捉圆弧第二点位置)

指定圆弧的端点：(输入圆弧的终点坐标或捕捉圆弧终点位置)

(2) 起点、端点、半径绘制圆弧的方式

通过输入圆弧的起点、端点位置和圆弧半径来确定圆弧。

如绘制图 3-3 所示的图形，其操作过程中命令行的提示如下：

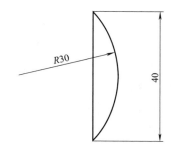

图 3-3　起点、端点、半径画圆弧方式

命令：_line(绘制直线段 40)

指定第一个点：

指定下一点或[放弃(U)]：40

指定下一点或[放弃(U)]：

命令：A　ARC(绘制圆弧命令)

指定圆弧的起点或[圆心(C)]：(捕捉线段下端点)

指定圆弧的第二个点或[圆心(C)/端点(E)]：e(选择端点选项并回车)

指定圆弧的端点：(捕捉线段上端点)

指定圆弧的中心点(按住 Ctrl 键以切换方向)或[角度(A)/方向(D)/半径(R)]：r(输入半径选项并回车)

指定圆弧的半径(按住 Ctrl 键以切换方向)：30(输入半径值)

注：绘制圆弧时产生圆弧的默认正方向是逆时针，所以图 3-3 中先选择圆弧的下端点作为起始点。

（3）起点、圆心、端点绘制圆弧方式

通过给定圆弧的起点、圆心和端点绘制圆弧。如绘制图 3-4 所示的图形，命令行的操作提示如下：

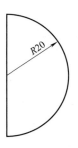

图 3-4　起点、圆心、端点画圆弧方式

命令：_line(绘制直线段 40)

指定第一个点：

指定下一点或[放弃(U)]：40

指定下一点或[放弃(U)]:

命令:A　ARC

指定圆弧的起点或[圆心(C)]:(捕捉线段下端点)

指定圆弧的第二个点或[圆心(C)/端点(E)]:c(输入圆心选项)

指定圆弧的圆心:(捕捉线段中点)

指定圆弧的端点(按住 Ctrl 键以切换方向)或[角度(A)/弦长(L)]:(捕捉线段上端点,如果圆弧在左侧,此时可按住 Ctrl 键切换方向)

3.2.4　"椭圆"命令 Ellipse

确定椭圆的大小需要给定椭圆的长短轴的距离,在绘制椭圆时,通过指定椭圆一个轴上的两点(两端点或一端点与椭圆中心点)和另一个轴的半轴长来确定椭圆的大小。

调用"椭圆"命令:在命令行输入 EL 并回车或用鼠标左键点击"绘图"工具条"⬯"图标按钮或从下拉式菜单点击"绘图"/"椭圆"/"圆心/轴、端点/圆弧"选择相应的绘制椭圆的方式。

如绘制图 3-5 中的椭圆,其命令行的提示如下:

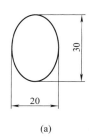
(a)

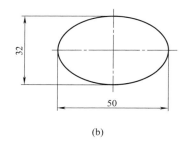
(b)

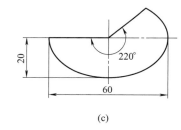
(c)

图 3-5　椭圆和椭圆弧

图 3-5(a)命令行提示:

命令:_ellipse

指定椭圆的轴端点或[圆弧(A)/中心点(C)]:

指定轴的另一个端点:20(处于正交或极轴水平对齐状态下,否则输入@20,0)

指定另一条半轴长度或[旋转(R)]:15(处于正交或极轴竖直对齐状态下,否则输入@0,15)(回车)

命令:_dimlinear(在尺寸标注图层中标注线性尺寸)

指定第一个尺寸界线原点或 <选择对象>:(选择椭圆左象限点)

指定第二条尺寸界线原点:(选择椭圆右象限点)

指定尺寸线位置或

[多行文字(M)/文字(T)/角度(A)/水平(H)/垂直(V)/旋转(R)]:

中文版 AutoCAD 2018 二维绘图技术

标注文字＝20

命令：　DIMLINEAR(在尺寸标注图层中标注线性尺寸)

指定第一个尺寸界线原点或 ＜选择对象＞：(选择椭圆下象限点)

指定第二条尺寸界线原点：(选择椭圆上象限点)

指定尺寸线位置或

［多行文字(M)/文字(T)/角度(A)/水平(H)/垂直(V)/旋转(R)］：

标注文字＝30

图3-5(b)命令行提示：

命令：_line(在细点画线图层绘制椭圆中心线)

指定第一个点：

指定下一点或［放弃(U)］：

指定下一点或［放弃(U)］：

命令：　LINE

指定第一个点：

指定下一点或［放弃(U)］：

命令：_ellipse(绘制椭圆)

指定椭圆的轴端点或［圆弧(A)/中心点(C)］：c(输入中心点选项)

指定椭圆的中心点：(捕捉两中心线的交点)

指定轴的端点：25(在正交模式或极轴模式的水平对齐方向输入椭圆半轴长度,否则输入@25,0)

指定另一条半轴长度或［旋转(R)］：16(在正交模式或极轴模式的竖直对齐方向输入椭圆半轴长度,否则输入@0,16)

命令：_dimlinear(在尺寸标注图层中标注线性尺寸)

指定第一个尺寸界线原点或 ＜选择对象＞：

指定第二条尺寸界线原点：

指定尺寸线位置或

［多行文字(M)/文字(T)/角度(A)/水平(H)/垂直(V)/旋转(R)］：

标注文字＝50

命令：　DIMLINEAR

指定第一个尺寸界线原点或 ＜选择对象＞：

指定第二条尺寸界线原点：

指定尺寸线位置或

［多行文字(M)/文字(T)/角度(A)/水平(H)/垂直(V)/旋转(R)］：

标注文字＝32

图3-5(c)椭圆弧绘图的命令行提示：

命令：_line(在细点画线图层绘制椭圆中心线)

指定第一个点：

指定下一点或[放弃(U)]:

指定下一点或[放弃(U)]:

命令： LINE

指定第一个点：

指定下一点或[放弃(U)]:

指定下一点或[放弃(U)]:

命令：_ellipse(用椭圆命令或选择椭圆弧命令绘制椭圆弧)

指定椭圆的轴端点或[圆弧(A)/中心点(C)]:a(选择绘制椭圆弧方式)

指定椭圆弧的轴端点或[中心点(C)]:c(输入中心点选项)

指定椭圆弧的中心点:(选择椭圆中心位置)

指定轴的端点:30(正交或极轴状态将对齐方向放在中心点左侧,输入长半轴的值或输入@−30,0)

指定另一条半轴长度或[旋转(R)]:20(正交或极轴状态下数值对齐时输入或直接输入@0,20)

指定起点角度或[参数(P)]:0(绘制椭圆时输入的椭圆长半轴的第一个端点为起止角度的0°起点角)

指定端点角度或[参数(P)/夹角(I)]:220

命令:_line(绘制椭圆弧的封口线)

指定第一个点:(选择椭圆弧的左端轴点)

指定下一点或[放弃(U)]:(选择椭圆的中心点)

指定下一点或[放弃(U)]:(选择椭圆弧的右上角的结束点)

命令:_dimlinear(在尺寸标注图层中标注线性尺寸)

指定第一个尺寸界线原点或 <选择对象>:

指定第二条尺寸界线原点：

指定尺寸线位置或

[多行文字(M)/文字(T)/角度(A)/水平(H)/垂直(V)/旋转(R)]:

标注文字＝60

命令： DIMLINEAR

指定第一个尺寸界线原点或 <选择对象>:

指定第二条尺寸界线原点：

指定尺寸线位置或

[多行文字(M)/文字(T)/角度(A)/水平(H)/垂直(V)/旋转(R)]:

标注文字＝20

命令：

命令：

命令:_dimangular(标注角度尺寸)

选择圆弧、圆、直线或 <指定顶点>:(回车)

指定角的顶点:(选择椭圆弧中心点)

指定角的第一个端点:(选择椭圆弧封口的水平线)

指定角的第二个端点:(选择椭圆弧封口的斜线)

指定标注弧线位置或[多行文字(M)/文字(T)/角度(A)/象限点(Q)]:

标注文字=220

3.2.5　"矩形"命令（Rectang）

在 AutoCAD 中可以通过确定矩形的对角点的坐标大小来绘制矩形，绘制出的矩形四条边是一个整体，还可以绘制带圆角、倒角、厚度、标高、宽度的矩形。用"矩形"命令绘制的矩形可以用"分解 Explode"命令分解成四条首尾相连的线段。

"矩形"命令：在命令行输入 Rectang（REC）并回车或在"绘图"工具条中用鼠标左键点击"□"图标按钮或在下拉式菜单中点击"绘图"/"矩形"。

图 3-6 是常见的三种绘制矩形的方式，绘图时的命令行操作提示如下：

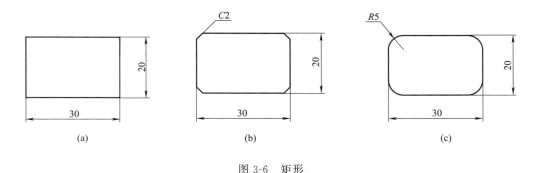

(a)　　　　　　　　　(b)　　　　　　　　　(c)

图 3-6　矩形

图 3-6(a)矩形的绘图命令行提示：

命令:REC RECTANG

指定第一个角点或[倒角(C)/标高(E)/圆角(F)/厚度(T)/宽度(W)]:(在绘图区域输入矩形的一个角点)

指定另一个角点或[面积(A)/尺寸(D)/旋转(R)]:@30,20(输入矩形对角相对坐标,回车完成矩形绘制)

(尺寸标注略)

图 3-6(b)矩形的绘图命令行提示：

命令:REC RECTANG

指定第一个角点或[倒角(C)/标高(E)/圆角(F)/厚度(T)/宽度(W)]:c(输入"倒角"选项)

指定矩形的第一个倒角距离 <0.0000>:2(输入第一条边的倒角距离)

指定矩形的第二个倒角距离 <2.0000>:(输入第二条边的倒角距离,与第一倒角距离相同时直接回车)

指定第一个角点或[倒角(C)/标高(E)/圆角(F)/厚度(T)/宽度(W)]:(指定矩形的第一个角点)

指定另一个角点或[面积(A)/尺寸(D)/旋转(R)]:@30,20(输入矩形对角相对坐标,回车完成带倒角矩形绘制)

(矩形长度和宽度尺寸标注略)

命令:_mleader(引线标注倒角)

指定引线箭头的位置或[引线基线优先(L)/内容优先(C)/选项(O)]<选项>:(设置引线形式)

指定引线基线的位置:(输入倒角标注C2)

图3-6(c)矩形的绘图命令行提示:

命令:_rectang

当前矩形模式: 倒角=2.0000×2.0000(之前设置的带倒角的矩形绘制模式)

指定第一个角点或[倒角(C)/标高(E)/圆角(F)/厚度(T)/宽度(W)]:F(输入"圆角"选项)

指定矩形的圆角半径<2.0000>:5(输入圆角半径值)

指定第一个角点或[倒角(C)/标高(E)/圆角(F)/厚度(T)/宽度(W)]:(输入矩形一个角点)

指定另一个角点或[面积(A)/尺寸(D)/旋转(R)]:@30,20(输入矩形对角点的相对坐标,回车完成带圆角矩形的绘制)

(矩形长度和宽度尺寸标注略)

命令:_dimradius(圆角半径标注)

选择圆弧或圆:

标注文字=5

指定尺寸线位置或[多行文字(M)/文字(T)/角度(A)]:

3.2.6 "正多边形"命令(Polygon)

"正多边形"命令可以绘制3～1024条边的正多边形,可以通过给定正多边形的边长、正多边形外接圆直径或内切圆直径尺寸来确定正多边形的大小,所绘制的正多边形为一个整体,可以通过"分解(Explode)"命令分解成首尾相连的线段。

调用"正多边形"命令:在命令行输入Polygon(POL)并回车或在"绘图"工具条中用鼠标左键点击"⬠"图标按钮或在下拉式菜单点击"绘图"/"多边形"。

图3-7所示为三种画多边形的方式,命令行的操作提示如下:

图3-7(a)的操作提示:

命令:POL POLYGON

输入侧面数<4>:3(输入正多边形的边数)

指定正多边形的中心点或[边(E)]:e(选择"边长"选项后回车)

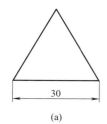
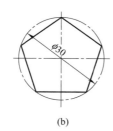
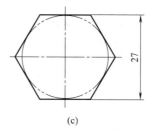

(a)   (b)   (c)

图 3-7　正多边形

指定边的第一个端点：(指定正多边形的底边上第一点的位置)

指定边的第二个端点：30(在"正交"或"极轴"状态下处于水平状态时拖动鼠标右移，输入 30 边长，或输入@30,0)

标注尺寸(略)

图 3-7(b)的操作提示：

命令：_line(在细点画线图层绘制中心线)

指定第一个点：

指定下一点或[放弃(U)]：(确定适当的长度画一条水平线)

指定下一点或[放弃(U)]：(结束水平线的绘制)

命令：　LINE(重复前一个命令时直接回车即可调用前一次命令)

指定第一个点：(竖直方向拾取一点)

指定下一点或[放弃(U)]：("正交"或"极轴"状态时向下拖动鼠标在合适的位置拾取一点，画一条竖直线)

命令：C　CIRCLE(在细点画线图层绘制点画线圆)

指定圆的圆心或[三点(3P)/两点(2P)/切点、切点、半径(T)]：(拾取十字交线的交点)

指定圆的半径或[直径(D)]：15(在"正交"或"极轴"状态下向右拖动鼠标，然后输入 15 回车或输入@15,0 回车)

命令：POL　POLYGON

输入侧面数 <3>：5(将粗实线图层作为当前图层，输入"正多边形"命令，输入正多边形的边数 5)

指定正多边形的中心点或[边(E)]：(选择圆心或两直线交点)

输入选项[内接于圆(I)/外切于圆(C)] <I>：(输入"内接于圆"选项，该选项现在为默认画圆方式，可以直接回车)

指定圆的半径：(选择圆与竖直点画线的交点后回车)

标注尺寸(略)

选择两条直线和圆，然后点击鼠标右键在快捷菜单中选择"特性"，打开"特性"对话框，将"线型比例"由"1"改为"0.3"，按"ESC"键退出。

图 3-7(c)的操作提示：

画细点画线和圆的操作与图 3-7(b)相同,画圆时输入圆的半径为 13.5。

命令:POL　POLYGON

输入侧面数 <5>:6(在粗实线图层中绘制"正六边形",输入"正多边形"命令,输入正多边形的边数 6)

指定正多边形的中心点或[边(E)]:(选择圆心或两直线交点)

输入选项[内接于圆(I)/外切于圆(C)] <I>:c(输入"外切于圆"选项)

指定圆的半径:(选择圆与直线的交点)

尺寸标注(略)

3.2.7　"样条曲线"命令(Spline)

"样条曲线"是通过输入一系列的点来绘制的曲线,所画的样条曲线可以通过选择的点或由所选的点控制曲线与点的拟合程度。样条曲线在机械制图中主要用来绘制断裂边界线。

调用"样条曲线"命令:在命令行输入 Spline(SPL)并回车或在"绘图"工具条用鼠标左键点击"～"图标按钮或在下拉式菜单点击"绘图"/"样条曲线"/[拟合点/控制点]。

图 3-8 所示绘制样条曲线的操作提示如下:

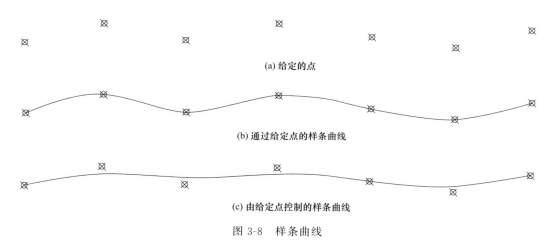

(a) 给定的点

(b) 通过给定点的样条曲线

(c) 由给定点控制的样条曲线

图 3-8　样条曲线

图 3-8(b)操作命令行提示:

命令:_spline

当前设置:方式=拟合　节点=弦

指定第一个点或[方式(M)/节点(K)/对象(O)]:(捕捉第一点,打开节点捕捉方式)

输入下一个点或[起点切向(T)/公差(L)]:(顺次选择下一节点,下同)

输入下一个点或[端点相切(T)/公差(L)/放弃(U)]:

输入下一个点或[端点相切(T)/公差(L)/放弃(U)/闭合(C)]:

输入下一个点或[端点相切(T)/公差(L)/放弃(U)/闭合(C)]:

输入下一个点或[端点相切(T)/公差(L)/放弃(U)/闭合(C)]:

输入下一个点或[端点相切(T)/公差(L)/放弃(U)/闭合(C)]:

输入下一个点或[端点相切(T)/公差(L)/放弃(U)/闭合(C)]:(捕捉最后一个节点后回车)

图 3-8(c)命令行操作提示:

命令:_spline(重复前一次命令直接回车)

当前设置:方式=拟合　节点=弦

指定第一个点或[方式(M)/节点(K)/对象(O)]:(捕捉第一个节点)

输入下一个点或[起点切向(T)/公差(L)]:L(输入"公差"选项)

指定拟合公差<0.0000>:3(输入拟合公差值 3)

输入下一个点或[起点切向(T)/公差(L)]:(捕捉下一个节点,下同)

输入下一个点或[端点相切(T)/公差(L)/放弃(U)]:

输入下一个点或[端点相切(T)/公差(L)/放弃(U)/闭合(C)]:

输入下一个点或[端点相切(T)/公差(L)/放弃(U)/闭合(C)]:

输入下一个点或[端点相切(T)/公差(L)/放弃(U)/闭合(C)]:

输入下一个点或[端点相切(T)/公差(L)/放弃(U)/闭合(C)]:

输入下一个点或[端点相切(T)/公差(L)/放弃(U)/闭合(C)]:(指定最后一个节点后回车)

从图 3-8（b）和图 3-8（c）中可以看出用带拟合公差绘制出来的样条曲线只通过第一点和最后一点,中间的点并不通过曲线,这些点只是用来控制曲线的平滑程度。该命令还可绘制闭合的样条曲线或将其他多段线转化为样条曲线。绘制好的样条曲线可以通过单击样条曲线,然后拖动样条曲线的控制点的位置来调整曲线的平顺程度。

 # 3.3　点的绘制

3.3.1　点的样式及输入

在 AutoCAD 中,有时需要绘制点,通常情况下点是不设置大小的,画的点在屏幕上也看不见,为了在平面上能够清楚地显示,需要设置点的样式。点的样式可以通过下拉式菜单"格式"/"点样式（p）…"进行设置,也可以在图 3-9（a）所示的实用工具中点击"点样式"命令,在弹出的图 3-9（b）对话框中选择点的显示样式,点的大小通常设置为与屏幕的相对大小。

调用"点"的命令:在命令行输入 Point（PO）并回车或用鼠标左键点击"绘图"工具条中" ▫ "图标按钮或在下拉菜单点击"绘图"/"点"/[单点/多点]。

输入点的坐标或在屏幕上拾取点以完成点的输入。

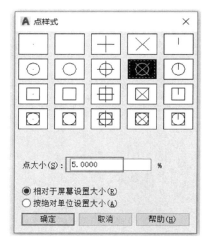

(a) 设置点样式的命令　　　　　　　　(b) 点样式对话框

图 3-9　点样式

3.3.2　用 Measure 命令绘制定距等分点

Measure 用于在等分对象上选择一定数量的等分线段，等分线段的起点为选择对象时靠近选择对象端点处的那个端点。

调用"定距等分"的命令：在命令行输入 Measure 并回车或从下拉式菜单点击"绘图"/"点"/"定距等分"。

如图 3-10 所示，把已知图线定距等分，命令行的操作提示如下：

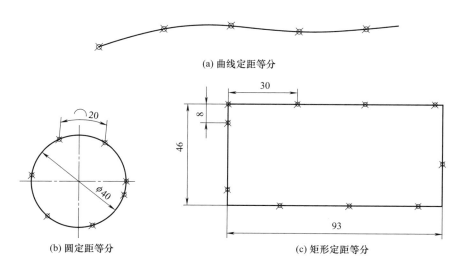

(a) 曲线定距等分

(b) 圆定距等分　　　　　　　　(c) 矩形定距等分

图 3-10　定距等分

图 3-10 (a) 定距等分命令行操作提示：

中文版 AutoCAD 2018 二维绘图技术

命令:_measure

选择要定距等分的对象:(靠近曲线左端选择曲线,等分线段的起点在曲线最左端点)

指定线段长度或[块(B)]:20(曲线的分段距离,曲线右端剩余部分不够等分)

图 3-10(b)定距等分命令行操作提示:

命令:_measure

选择要定距等分的对象:(选择圆,圆的等分起点在右象限点,按照逆时针方向进行等分)

指定线段长度或[块(B)]:20(给定长度 20)

图 3-10(c)定距等分命令行操作提示:

命令:_measure

选择要定距等分的对象:(矩形等分起点在左上角点,选择矩形左边竖线和底部横线时,按照逆时针进行等分;选择矩形上部横线或右边竖线按照顺时针进行等分)

指定线段长度或[块(B)]:30

3.3.3 用 Divide 命令绘制定数等分点

将对象按照一定的等分数进行等分,操作时输入等分的数量。

调用"定数等分"命令:在命令行输入 Divide(DIV)并回车或从下拉式菜单点击"绘图"/"点"/"定数等分"。

在图 3-11 中,对所示图形对象五等分,其命令行操作提示如下:

命令:DIV　DIVIDE(定数等分)

选择要定数等分的对象:(拾取要等分的对象)

输入线段数目或[块(B)]:5(输入等分数量)

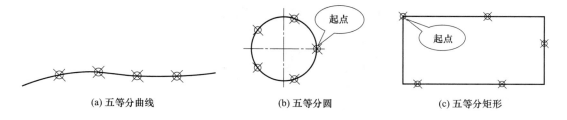

(a) 五等分曲线　　　　(b) 五等分圆　　　　(c) 五等分矩形

图 3-11　定数等分

 ## 3.4　显示控制

CAD 绘图通常不设置图纸界限,默认为无限大,在绘图时,基本上是按照 1:1 的比例来绘制图形的,这样就经常要在绘图的过程中调整图形在绘图区域的显示,有时要放大有时要缩小,这些操作都可以通过软件的显示控制加以实现。

3.4.1 "重画"命令 Redraw

为了清理 CAD 绘图过程中因为编辑操作而留下的残迹，需要用重画命令"Redraw"，可以快速刷新屏幕。

调用"重画"命令：在命令行输入 Redraw（R）并回车或在下拉式菜单点击"视图"/"重画 R"。

3.4.2 "重生成"命令 Regen

AutoCAD 属于矢量图形软件，以坐标和方程式的形式在图形中存储对象的信息，屏幕上显示的是矢量信息转换后的像素点，当放大图形后，原有的图形显示会变形，这时需要用重生成命令"Regen"对图形对象进行重新计算和重新显示，以优化其显示效果。

调用"重生成"命令：在命令行输入 Regen（RE）并回车或在下拉式菜单点击"视图"/["重生成"/"全部重生成"] 选择不同的重生成方式。

3.4.3 "屏幕缩放"命令 Zoom

绘图时经常要对图形进行缩小或放大，以便能看清图形的局部结构或整体结构。一种方法是可以通过鼠标中间的滚轮前后滚动进行图形的缩放显示，另一种方法是通过缩放命令"Zoom"，进行图形整体或局部的显示控制。

图 3-12　缩放命令

中文版 AutoCAD 2018 二维绘图技术

调用 Zoom 命令：在命令行输入 Z 并回车或在下拉式菜单点击"视图"/"缩放"选择相应的缩放方式。

缩放操作的选项如图 3-12 所示。

3.4.4 "平移"命令 Pan

图形的平移主要是改变图形在绘图区域的显示位置，或将屏幕绘图区域外的对象移至绘图区域，本操作并没有改变图形与坐标系之间的位置关系。

调用"平移"命令：在命令行输入 Pan（P）并回车或在下拉式菜单点击"视图"/"平移"/［实时/点/左/右/上/下］选择相应的选项。按下鼠标中键，鼠标光标变为"🖐"，这时将鼠标沿桌面移动可以实现图形的平移。

本 章 小 结

本章介绍常用的基本绘图命令的操作过程，对于初学者来说，一定要关注命令行的操作提示，根据自己所绘制图形的特点，合理选择命令行里面的相关选项。绘图时图形的显示控制用得很多，在绘图过程中会经常进行图形的平移、缩放操作，有时还要进行重画或重生成操作，目的都是希望绘图的过程更加顺利。

训 练 提 高

1. 绘制图 3-13 并标注尺寸。

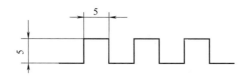

图 3-13　电平图

2. 绘制图 3-14 并标注尺寸。

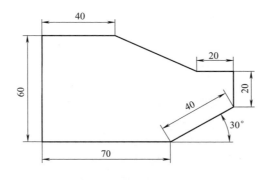

图 3-14　直线绘图训练

3. 绘制图 3-15 并标注尺寸。

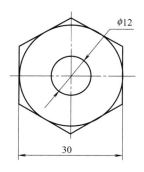

图 3-15　正多边形和圆绘图训练

4. 绘制图 3-16，不标注尺寸。

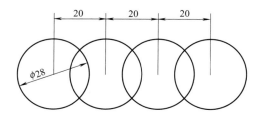

图 3-16　奥迪车标

第4章
精确绘图工具

 ## 4.1 栅格和捕捉

栅格是标定水平和竖直方向距离的网格线，相当于坐标纸，可以提供直观的距离参照，捕捉是设置光标移动的间距，绘制草图时使用栅格和捕捉可以提高画图效率。

4.1.1 栅格

绘图时要显示栅格，可在状态栏中用鼠标左键点击栅格"▦"图标按钮，使其高亮显示，如图4-1所示。

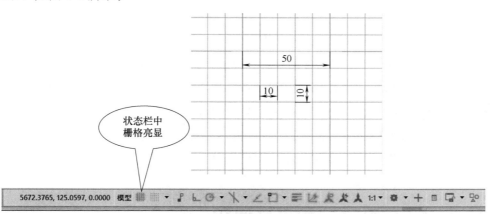

图4-1　显示栅格

网格中，网格主线颜色略深，主线之间分5格，最小间隔默认值为10。要调整网格间距，按F7键或将光标放在状态栏"▦"图标按钮上右击鼠标，点击"网格设置…"，打开"草图设置"对话框，在"栅格"选项卡中进行设置。还可通过用鼠标左键点击下拉式菜单"工具"/"绘图设置（f）…"打开"草图设置"对话框，在弹出的

图 4-2 "草图设置"对话框中，根据自己的绘图需要进行栅格间距的设置。F7 键控制栅格的开关状态。

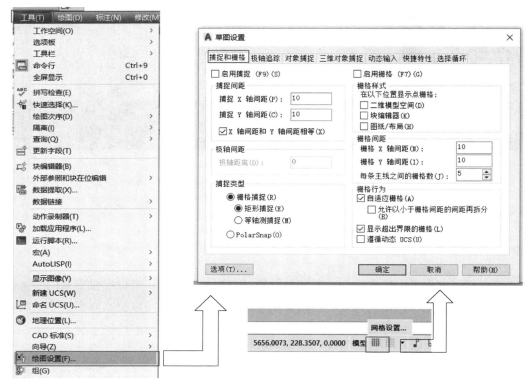

图 4-2　栅格间距设置

4.1.2　捕捉

栅格间距设置完毕并启用"栅格"后，要想在绘图时准确拾取网格交点，就需要启用"捕捉"功能。启用"捕捉"功能的方法是按 F9 键或在状态栏中用鼠标左键点击"▦"按钮图标，使其高亮显示。在绘图命令操作过程中，光标只能捕捉网格交点。如果绘图时没有打开栅格功能但启用了捕捉功能，会发现光标在屏幕上跳动而捕捉不到自己想要的特征点，这时只要关闭捕捉功能即可。F9 键控制捕捉的开关状态。

4.2　正交模式和极轴追踪

4.2.1　正交模式

正交模式的启用：按 F8 键或点击状态栏图标"ㄴ"使其高亮显示即启用正交模

式，再按一次 F8 键或点击图标即可关闭正交模式。

　　在绘制水平线段或竖直线段时如果启用正交模式，只需拖动光标，将光标置于所画线段相应的方向，然后在命令行输入线段长度的数值并回车即可绘制相应的线段，如绘制图 4-3（a）所示的直角三角形，输入"直线"命令并回车后，在屏幕上输入三角形水平线的起点，然后向右拖动光标，如图 4-3（b）所示，并在命令行输入长度 40 并回车，然后将光标向上拖动，如图 4-3（c）所示，再在命令行输入 30 并回车，最后输入 C 并回车，完成三角形的绘图。

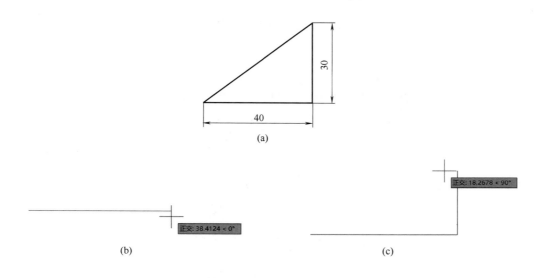

图 4-3　正交模式绘图

4.2.2　极轴追踪

　　"极轴追踪"是按照设定的角度增量来追踪特征点，在追踪路径上要输入点的位置，可以只输入线段的长度数值，无须像直角坐标系中输入点的坐标那样输入 X 和 Y 方向的增量。

　　绘制图 4-3（a）所示的图形，如果使用"极轴追踪"模式来绘制，先按 F10 键打开"极轴追踪"按钮，使"极轴追踪"图标按钮" "高亮显示，输入"直线"命令，确定直线的第一端点后向右移动光标，显示水平对齐路径时输入数值 40 并回车，然后拖动光标向上，出现竖直对齐路径后输入 30 并回车，输入"闭合 c"选项，即可完成图形的绘制，极轴追踪的对齐路径如图 4-4 所示。

　　极轴追踪的角度增量可以通过"草图设置"对话框来设置，角度增量控制追踪的角度，凡是光标位置处于符合追踪角度整数倍的情况下都会出现对齐路径，附加角的对齐路径只在设置的附加角度显示追踪路径，极轴追踪对话框如图 4-5 所示。F10 键控制极轴追踪功能的打开与关闭。

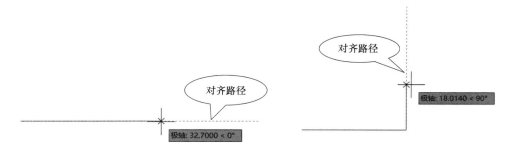

图 4-4　极轴追踪对齐路径

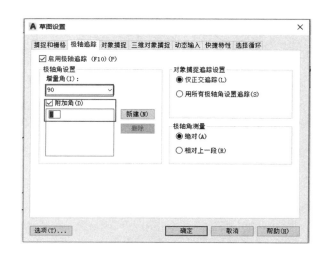

图 4-5　极轴追踪增量设置

 4.3　对象捕捉和对象捕捉追踪

4.3.1　对象捕捉

"对象捕捉"是绘图时捕捉已有图形的特征点，以实现准确快速绘制图形。对象捕捉功能的开关键是 F3，通过该开关键控制对象捕捉模式的开关，状态栏中对象捕捉按钮 " " 图标高亮显示时表示启用对象捕捉功能。绘图时打开几个常用的捕捉特征点，捕捉特征点设置对话框如图 4-6 所示，凡是带 "√" 的特征点在启用 "对象捕捉" 功能后，绘图过程中当光标靠近对象的某个特征点时，系统将会自动捕捉该特征点，用户只要点击鼠标左键即可实现捕捉操作。

如图 4-7 所示，在绘制直线时，当光标靠近水平线的中间位置时，显示可捕捉水平

图 4-6　对象捕捉设置

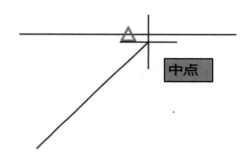

图 4-7　对象捕捉示例

线的中间点，如果这时点击鼠标左键，则斜线的端点会连接到水平线的中间点上，如果光标向右移动则可捕捉水平线的右端点。

　　绘图时如果要捕捉的特征点没有在图 4-6 所示的对话框中被勾选，则可以使用临时对象捕捉，调用临时捕捉特征时，在绘图过程中按"Shift"键或"Ctrl"键同时点击鼠标右键，在弹出的如图 4-8 所示的实时菜单中选择要捕捉的对象特征点。还可以在桌面显示"对象捕捉"工具条，在下拉式菜单中点击"工具"/"工具栏"/"AutoCAD"/"对象捕捉"，如图 4-9 所示，"对象捕捉"工具条用来临时捕捉特征点，绘图过程中需要捕捉哪个特征点，只要用鼠标左键点击工具条中相应的图标按钮即可调用该特征点的捕捉功能。

　　临时捕捉特征点时经常用到"自"功能，它允许在距一个已有对象一定距离和角度处开始绘制一个新对象，该功能可以帮助用户用一个命令在正确的位置绘制新对象，操作时在打开的"对象捕捉"工具条上用鼠标左键点击"▉"图标按钮即可临时调用该命令，然后在命令行输入"基点"和相对"偏移的距离"，从而确定新对象的定位点。

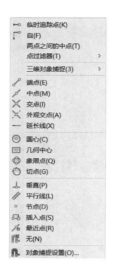

临时追踪点(K)
自(F)
两点之间的中点(T)
点过滤器(T)
三维对象捕捉(3)
端点(E)
中点(M)
交点(I)
外观交点(A)
延长线(X)
圆心(C)
几何中心
象限点(Q)
切点(G)
垂直(P)
平行线(L)
节点(D)
插入点(S)
最近点(R)
无(N)
对象捕捉设置(O)...

图 4-8　对象捕捉临时菜单

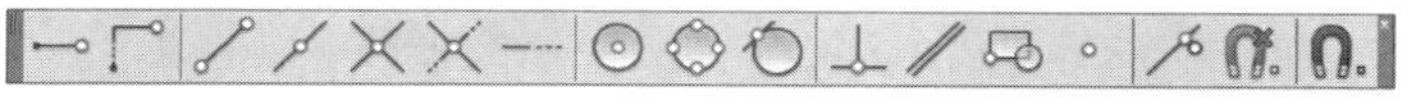

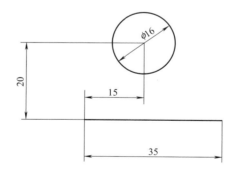

图 4-9　对象捕捉工具条

在图 4-10 所示的图形中，要绘制一个圆和一条线段，先绘制线段 35，然后绘制圆，

φ16
20
15
35

图 4-10　自追踪绘图

在绘制圆的时候就可以通过“自”追踪功能在提示输入圆心位置时先捕捉线段左端点作为参考“基点”以此确定圆心的相对位置，命令行的操作提示如下：

命令：L　LINE(绘制线段)

指定第一个点：(捕捉屏幕上一点)

指定下一点或[放弃(U)]：35(正交或极轴状态下输入线段长度)

指定下一点或[放弃(U)]:(回车)

命令:C　CIRCLE

指定圆的圆心或[三点(3P)/两点(2P)/切点、切点、半径(T)]:(调用"自"捕捉功能并捕捉参考"基点")_from 基点:<偏移>:@15,20(输入相对参考基点的位移,从而确定圆的圆心位置)

指定圆的半径或[直径(D)]<8.0000>:8(输入圆的半径值后回车)

4.3.2　对象捕捉追踪

"对象捕捉追踪"用于确定与现有图形有关的某个点,启用"对象捕捉追踪"功能,可按开关键 F11,当状态栏中"⟋"图标按钮高亮显示时即表示启用"对象捕捉追踪"功能。如绘制图 4-11(a)所示图形中的线段 cd,在启用"对象捕捉追踪"功能绘图时,输入"直线"命令,在命令行提示输入直线的第一点即 c 点时先将光标靠近线段的 a 点,这时显示捕捉 a 点(此时不要点击鼠标左键),然后将光标向上移动,出现对象捕捉追踪对齐路径,如图 4-11(b)所示,此时在命令行输入 12 并回车,则可确定 c 点的位置,再向右拖动光标,将鼠标移动到 b 点附近会出现捕捉 b 点的图标,如图 4-11(c)所示,然后将光标向上移动,在对象捕捉追踪路径下输入 d 点(d 点位置只要在 b 点正上方即可)。

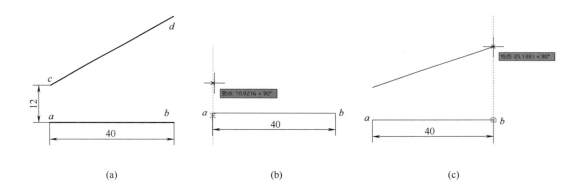

(a)　　　　　　　　　　(b)　　　　　　　　　　(c)

图 4-11　对象捕捉追踪绘图

本 章 小 结

本章介绍绘图时常用的绘图辅助功能的设置方法,包括栅格和捕捉、正交和极轴、对象捕捉和极轴追踪捕捉的设置和使用方法。这些常用的绘图辅助功能能有效提高绘图的精确程度并能显著提高绘图效率,特别是对象捕捉功能,但是在设置自动捕捉的特征点时不宜选择太多,否则会在某个位置出现几个特征点供选择。

1. 启用栅格和捕捉功能绘制图 4-12。

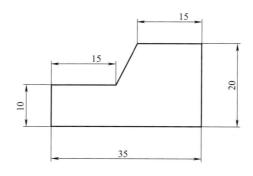

图 4-12　栅格和捕捉功能绘图

2. 使用正交功能绘制图 4-13。

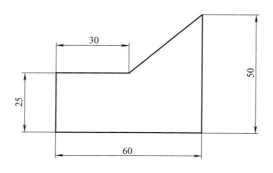

图 4-13　正交功能绘图

3. 用极轴功能绘制图 4-14。

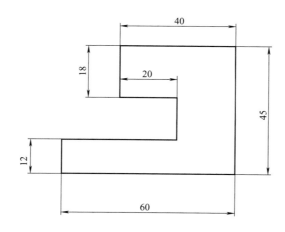

图 4-14　极轴功能绘图

4. 启用对象捕捉功能绘制图 4-15。

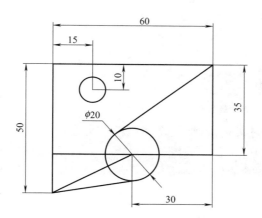

图 4-15　对象捕捉功能绘图

5. 启用极轴追踪绘制图 4-16。

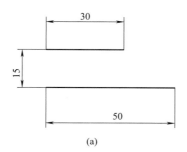 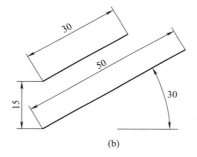

(a)　　　　　　　　　　　　　　(b)

图 4-16　极轴追踪绘图

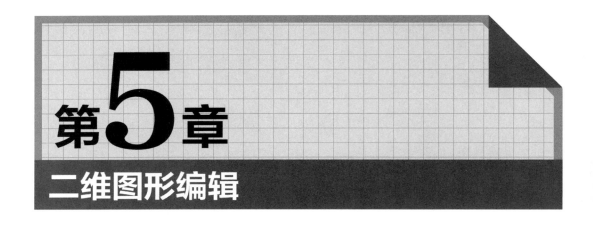

第5章
二维图形编辑

 5.1 选择对象

AutoCAD绘图时，要对图形对象进行编辑操作，就必须选择对象。选择对象分两种方式，一种是在命令行没有输入任何命令的情况下选择对象，另一种是在绘图命令执行过程中选择对象。两种选择方式对应的图形显示如图5-1所示。

 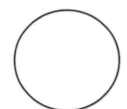

(a) 没有输入命令情况下选择的对象　　　　(b) 在命令过程中选择的对象

图 5-1　对象选择

5.1.1　单个选择

绘图时如果需要选择单一对象，只需用鼠标左键单击对象，该对象即被选中。要选择多个图形对象则需依次用鼠标单击对象，被选中的对象加入到选择集中，在屏幕上显示为蓝色状态。

取消对象选择的方法：如果要取消图形对象的选择，按Esc键即可，如果要取消命令执行过程中选择的对象，可按"r"回车，点击要移出选择集的对象即可。

5.1.2　"窗口"选择方式

通过"窗口"方式选择对象时，完全包含在选择框中的对象被选中，与选择框相交

的对象不被选中。选择对象时从左向右拖一个选择框,这时选择框是深色实线框,如图
5-2(a)所示,选择后的结果如图 5-2(b)所示,由于中间的竖线没有包含在选择框
中,所以不被选中。

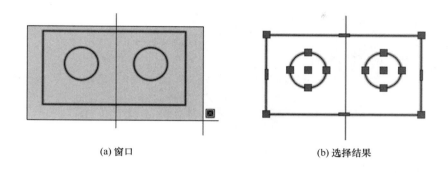

(a) 窗口　　　　　　　　　　　　　　(b) 选择结果

图 5-2　"窗口"方式选择对象

5.1.3　"交叉窗口"选择方式

选择对象时从右向左拖选择框,这时的选择框是外围为浅绿色的虚线框。用"交叉
窗口"选择对象时,凡是包含在窗口里面或与窗口相交的对象都被选中,如图 5-3 所
示。图 5-3(a)中竖线没有包含在矩形框中但与矩形框相交,图 5-3(b)中几个对象
都与选择框相交(矩形是用矩形命令绘制,是一个整体),选择结果如图 5-3(c)所示。

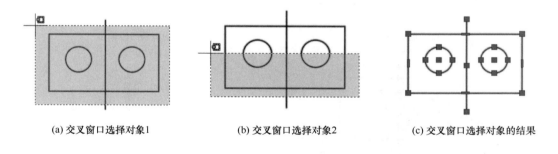

(a) 交叉窗口选择对象1　　　　(b) 交叉窗口选择对象2　　　　(c) 交叉窗口选择对象的结果

图 5-3　交叉窗口选择对象

5.1.4　"栅栏"选择方式

操作过程中需要选择对象时,输入"F"并回车,进入栅栏选择状态,通过绘制几
个点形成"栅栏",凡与折线相交的对象均被选中,与所绘制的折线相交的选中对象变
成浅色显示,所绘折线显示为虚线。图 5-4(a)为"栅栏"选择过程,图 5-4(b)为
选择结果。

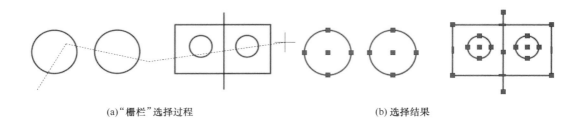

(a)"栅栏"选择过程　　　　　　　　　　　　　　(b) 选择结果

图 5-4　"栅栏"选择

5.1.5　"圈选"选择方式

"圈选"又分为"圈围"和"圈交"两种选择方式，"圈围"相当于"窗口"选择方式，"圈交"相当于"交叉窗口"选择方式。"圈选"时鼠标点击一点后不要松开左键，这时在桌面拖动鼠标，形成一个套圈，从左向右拖动鼠标形成圈围（实线圈），从右向左拖动鼠标形成圈交（虚线圈），"圈围"只选中完全在圈里的对象，"圈交"时与圈相交或包含在圈里的对象都被选中。圈选情况如图 5-5 所示。

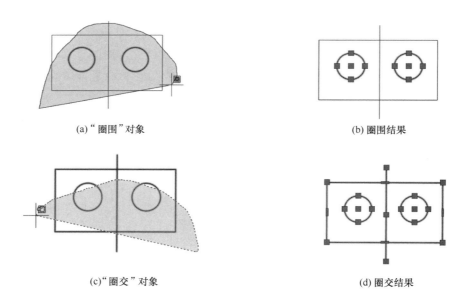

(a)"圈围"对象　　　　　　　　　　　　　　(b) 圈围结果

(c)"圈交"对象　　　　　　　　　　　　　　(d) 圈交结果

图 5-5　"圈选"对象及选中结果

 ## 5.2　常用编辑命令

AutoCAD 绘图时通过对图形对象的编辑，可以快速创建多个相同或相近的对象，还可以改变对象的位置或状态，达到满足工程图纸要求的目的。

5.2.1 "修剪"命令 Trim

"修剪"是将图形对象以另一个图形对象为边界，剪切掉超出边界对象的多余部分的一种操作。

调用"修剪"命令：在命令行输入 Trim（TR）并回车或在"修改"工具条用鼠标左键点击"-/---"图标按钮或从下拉菜单点击"修改"/"修剪（T）"。

在图 5-6 中，将图 5-6（a）修剪成图 5-6（d），其命令行操作提示如下：

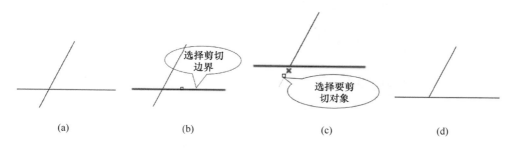

（a）　　　　　　　　（b）　　　　　　　　（c）　　　　　　　　（d）

图 5-6　单边界修剪对象

命令：TR　TRIM（调用修剪命令）

当前设置：投影＝UCS，边＝延伸

选择剪切边 …（提示接下来的操作是选择用来作为修剪边界的对象）

选择对象或 ＜全部选择＞： 找到 1 个（选择修剪边界对象）

选择对象：（选择完修剪边界的对象后回车）

选择要修剪的对象，或按住 Shift 键选择要延伸的对象，或

[栏选（F）/窗交（C）/投影（P）/边（E）/删除（R）/放弃（U）]：（选择被修剪的对象中需要剪切掉的对象）

选择要修剪的对象，或按住 Shift 键选择要延伸的对象，或

[栏选（F）/窗交（C）/投影（P）/边（E）/删除（R）/放弃（U）]：（回车结束命令）

执行修剪操作时可以同时选择多个边界或被修剪的对象，如图 5-7 所示，要把图形对象由图 5-7（a）修剪成图 5-7（e），操作过程见图 5-7（b）～图 5-7（d），命令行提示如下：

命令：TR　TRIM

当前设置：投影＝UCS，边＝延伸

选择剪切边 …

选择对象或 ＜全部选择＞： 指定对角点：找到 3 个[交叉框选，如图 5-7（b）]

选择对象（回车）

选择要修剪的对象，或按住 Shift 键选择要延伸的对象，或

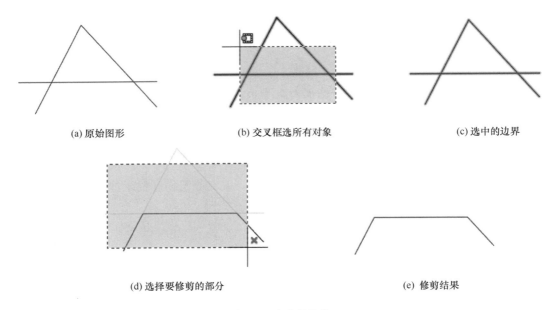

| (a) 原始图形 | (b) 交叉框选所有对象 | (c) 选中的边界 |

| (d) 选择要修剪的部分 | (e) 修剪结果 |

图 5-7　多边界修剪

［栏选（F）/窗交（C）/投影（P）/边（E）/删除（R）/放弃（U）］：指定对角点：指定对角点：（交叉窗口选择被修剪部分，暗色显示部分为被修剪掉的对象）

选择要修剪的对象，或按住 Shift 键选择要延伸的对象，或

［栏选（F）/窗交（C）/投影（P）/边（E）/删除（R）/放弃（U）］：（回车完成修剪操作）

对于图 5-7 中修剪边界也可以用"栏选"进行修剪，如图 5-8 所示。操作过程如下：

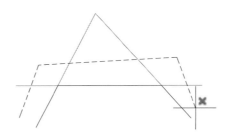

图 5-8　"栏选"修剪

命令：TR　TRIM

当前设置：投影＝UCS，边＝延伸

选择剪切边 . . .

选择对象或 ＜全部选择＞：　指定对角点：找到 3 个

选择对象：

选择要修剪的对象，或按住 Shift 键选择要延伸的对象，或

［栏选（F）/窗交（C）/投影（P）/边（E）/删除（R）/放弃（U）］：　f（选择"栏选"方式）

指定第一个栏选点或拾取/拖动光标:(指定折线的第一点)

指定下一个栏选点或[放弃(U)]:(指定折线的第二点)

指定下一个栏选点或[放弃(U)]:(指定折线的第三点)

指定下一个栏选点或[放弃(U)]:(指定折线的第四点)

指定下一个栏选点或[放弃(U)]:(回车)

选择要修剪的对象,或按住 Shift 键选择要延伸的对象,或

[栏选(F)/窗交(C)/投影(P)/边(E)/删除(R)/放弃(U)]:(回车)

当两个对象不相交,要修剪其中一个对象时,需要设置边界条件中"边"为"延伸"方式才可进行修剪,如图 5-9 所示,要修剪图 5-9(a)竖线超出横线下面多余的部分,得到图 5-9(b),其操作过程中命令行的提示如下:

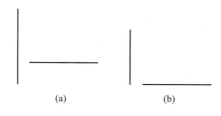

(a)　　　　　　　　(b)

图 5-9　延伸边界修剪

命令:TR　TRIM

当前设置:投影=UCS,边=无

选择剪切边 ...

选择对象或 <全部选择>:找到 1 个(选择横线为剪切边)

选择对象:(回车)

选择要修剪的对象,或按住 Shift 键选择要延伸的对象,或

[栏选(F)/窗交(C)/投影(P)/边(E)/删除(R)/放弃(U)]:e(选择"边"界延伸方式)

输入隐含边延伸模式[延伸(E)/不延伸(N)]<不延伸>:e(选择"延伸"边界方式)

选择要修剪的对象,或按住 Shift 键选择要延伸的对象,或

[栏选(F)/窗交(C)/投影(P)/边(E)/删除(R)/放弃(U)]:(选择竖线下部)

选择要修剪的对象,或按住 Shift 键选择要延伸的对象,或

[栏选(F)/窗交(C)/投影(P)/边(E)/删除(R)/放弃(U)]:(回车)

5.2.2　"延伸"命令 Extend

"延伸"是将对象沿着既有的方向向某个边界进行伸展的操作。"延伸"命令与"修剪"命令操作方式一样,在"修剪"操作时按住"Shift"键可以进行延伸操作,同样,在进行"延伸"操作时按住"Shift"键也可以进行"修剪"操作,边界条件与修剪操作的选择都是一样的。

调用"延伸"命令:在命令行输入 Extend(EX)并回车或在"绘图"工具条中用

鼠标左键点击"‑‑‑/"图标按钮或在下拉式菜单中点击"修改"/"延伸"。

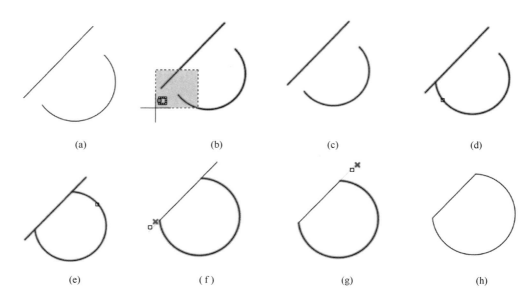

图 5-10　延伸操作

　　图 5-10 中要由图 5-10（a）要延伸成图 5-10（h），其操作过程如图 5-10（b）~图 5-10（g），命令行操作提示如下：

　　命令:EX　EXTEND

　　当前设置:投影＝UCS,边＝延伸

　　选择边界的边...

　　选择对象或 ＜全部选择＞: 指定对角点:找到 2 个[选择圆弧和直线作为延伸和修剪边界,见图 5-10(c)]

　　选择对象:(回车)

　　选择要延伸的对象,或按住 Shift 键选择要修剪的对象,或

　　[栏选(F)/窗交(C)/投影(P)/边(E)/放弃(U)]:[在圆弧左下端点附近点击鼠标左键,延伸左下圆弧至斜线,见图 5-10(d)]

　　选择要延伸的对象,或按住 Shift 键选择要修剪的对象,或

　　[栏选(F)/窗交(C)/投影(P)/边(E)/放弃(U)]:[在圆弧右上端点附近左键点击鼠标,延伸右上圆弧至斜线,见图 5-10(e)]

　　选择要延伸的对象,或按住 Shift 键选择要修剪的对象,或

　　[栏选(F)/窗交(C)/投影(P)/边(E)/放弃(U)]:[按住"Shift"键同时,点击斜线左下段,完成斜线左下段的修剪,见图 5-10(f)]

　　选择要延伸的对象,或按住 Shift 键选择要修剪的对象,或

　　[栏选(F)/窗交(C)/投影(P)/边(E)/放弃(U)]:[按住"Shift"键同时,点击斜线右上段,完成斜线右上段的修剪,见图 5-10(g)]

　　选择要延伸的对象,或按住 Shift 键选择要修剪的对象,或

$$[栏选(F)/窗交(C)/投影(P)/边(E)/放弃(U)]:[回车完成操作,结果为图5-10(h)]$$

5.2.3 "倒角"命令 Chamfer

在零件加工时,零件表面的一些转角位置会做出倒角。倒角是一种常见的工艺结构,目的是便于零件装配。AutoCAD绘图时由专门的"倒角"命令进行绘制。

调用"倒角"命令:在命令行输入 Chamfer(CHA)并回车或用鼠标左键点击"修改"工具条中"⬠"图形按钮或在下拉式菜单中点击"修改"/"倒角"。

在图5-11中,由图5-11(a)通过倒角命令得到图5-11(b),图5-11(b)中左边的倒角距离为5,倒角锥角为10°,右边台阶为45°倒角,倒角距离为3。倒角操作过程中的命令行提示如下:

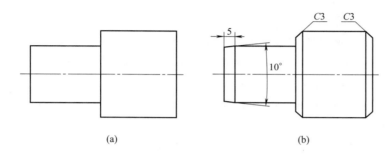

(a)   (b)

图 5-11   倒角

命令:CHA   CHAMFER(调用倒角命令)

("修剪"模式)当前倒角长度=5.0000,角度=5(此处显示的是已有的倒角方式,即角度方式)

选择第一条直线或[放弃(U)/多段线(P)/距离(D)/角度(A)/修剪(T)/方式(E)/多个(M)]:a(选择角度选项)

指定第一条直线的倒角长度<5.0000>:5(输入第一条直线的倒角距离)

指定第一条直线的倒角角度<5>:5(输入第一条线倒角角度,本例中倒角的角度值是锥角的角度值的一半)

选择第一条直线或[放弃(U)/多段线(P)/距离(D)/角度(A)/修剪(T)/方式(E)/多个(M)]:M(输入多个选项,可以一次给多个对象进行倒角,否则做完一个倒角操作后即结束命令,下同)

选择第一条直线或[放弃(U)/多段线(P)/距离(D)/角度(A)/修剪(T)/方式(E)/多个(M)]:(选择左端轴段的上水平线)

选择第二条直线,或按住Shift键选择直线以应用角点或[距离(D)/角度(A)/方法(M)]:(选择最左边竖线)

选择第一条直线或[放弃(U)/多段线(P)/距离(D)/角度(A)/修剪(T)/方式(E)/多个(M)]:(选择左端轴段的下水平线)

选择第二条直线,或按住 Shift 键选择直线以应用角点或[距离(D)/角度(A)/方法(M)]:(选择最左边竖线)

选择第一条直线或[放弃(U)/多段线(P)/距离(D)/角度(A)/修剪(T)/方式(E)/多个(M)]:(回车完成左轴段的倒角)

命令:L LINE(调用直线命令,绘制倒角投影线)

指定第一个点:

指定下一点或[放弃(U)]:

指定下一点或[放弃(U)]:

命令:CHA   CHAMFER(调用倒角命令)

("修剪"模式) 当前倒角长度=5.0000,角度=5

选择第一条直线或[放弃(U)/多段线(P)/距离(D)/角度(A)/修剪(T)/方式(E)/多个(M)]:d(输入距离选项)

指定 第一个 倒角距离 <3.0000>:3 (输入第一个倒角距离 3)

指定 第二个 倒角距离 <3.0000>:3(输入第二个倒角距离 3)

选择第一条直线或[放弃(U)/多段线(P)/距离(D)/角度(A)/修剪(T)/方式(E)/多个(M)]:M(多个倒角选项)

选择第一条直线或[放弃(U)/多段线(P)/距离(D)/角度(A)/修剪(T)/方式(E)/多个(M)]:(选择右端轴段的上水平线)

选择第二条直线,或按住 Shift 键选择直线以应用角点或[距离(D)/角度(A)/方法(M)]:(选择图中中间的竖线,完成第一处倒角)

选择第一条直线或[放弃(U)/多段线(P)/距离(D)/角度(A)/修剪(T)/方式(E)/多个(M)]:(选择右端轴段的下水平线)

选择第二条直线,或按住 Shift 键选择直线以应用角点或[距离(D)/角度(A)/方法(M)]:(选择图中中间的竖线,完成第二处倒角)

选择第一条直线或[放弃(U)/多段线(P)/距离(D)/角度(A)/修剪(T)/方式(E)/多个(M)]:(选择右端轴段的上水平线)

选择第二条直线,或按住 Shift 键选择直线以应用角点或[距离(D)/角度(A)/方法(M)]:(选择图中最右端的竖线,完成第三处倒角)

选择第一条直线或[放弃(U)/多段线(P)/距离(D)/角度(A)/修剪(T)/方式(E)/多个(M)]:(选择右端轴段的下水平线)

选择第二条直线,或按住 Shift 键选择直线以应用角点或[距离(D)/角度(A)/方法(M)]:(选择图中最右端的竖线,完成第四处倒角)

选择第一条直线或[放弃(U)/多段线(P)/距离(D)/角度(A)/修剪(T)/方式(E)/多个(M)]:(回车完成四处倒角操作)

命令:L LINE(调用直线命令绘制倒角投影线)

指定第一个点:

指定下一点或[放弃(U)]:

指定下一点或[放弃(U)]:

命令:LINE(重复前一次操作直接按回车键)

指定第一个点:

指定下一点或[放弃(U)]:

指定下一点或[放弃(U)]:

注:如果倒角对象为多段线,进行45°倒角时可以应用倒角操作中的"多段线(p)"选项,一次将多段线中符合要求的地方加上倒角。如果不需要在倒角时进行修剪,可以将"修剪"选项中的"修剪"方式改为"不修剪"。

5.2.4 "圆角"命令 Fillet

圆角多出现在铸造件零件上或轴上为了减少应力集中的部位,是零件上常见的工艺结构,绘图时由专门的"圆角"命令进行绘制。

调用"圆角"命令:在命令行输入 Fillet (F) 并回车或用鼠标左键点击"修改"工具条中"⬜"图标按钮,或在下拉式菜单点击"修改"/"圆角(F)"。

在图 5-12 中对图形 5-12 (a) 中的两组直线倒圆角,使其结果如图 5-12 (b) 所示。圆角操作在命令行的提示如下:

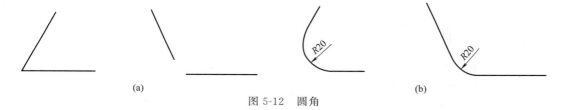

(a)　　　　　　　　　　　　　　　　　(b)

图 5-12　圆角

命令:F　FILLET(调用圆角命令)

当前设置:模式=修剪,半径=10.0000

选择第一个对象或[放弃(U)/多段线(P)/半径(R)/修剪(T)/多个(M)]:r(输入半径选项)指定圆角半径 <10.0000>:20(输入圆角半径 20)

选择第一个对象或[放弃(U)/多段线(P)/半径(R)/修剪(T)/多个(M)]:m(多个圆角选项)

选择第一个对象或[放弃(U)/多段线(P)/半径(R)/修剪(T)/多个(M)]:(选择左边两条直线中的一条)

选择第二个对象,或按住 Shift 键选择对象以应用角点或[半径(R)]:(选择左边两条直线中的另一条,完成第一个圆角)

选择第一个对象或[放弃(U)/多段线(P)/半径(R)/修剪(T)/多个(M)]:(选择右边两条直线中的一条)

选择第二个对象,或按住 Shift 键选择对象以应用角点或[半径(R)]:(选择右边两条直线中的另一条,完成第二个圆角)

选择第一个对象或[放弃(U)/多段线(P)/半径(R)/修剪(T)/多个(M)]:*取消(回

5.2.5 "拉伸"命令 Stretch

"拉伸"操作用于改变拉伸对象的长度或角度，选择对象时必须使用"交叉窗口"选择方式，"拉伸"时包含在窗口中的对象只发生平移，与交叉窗口相交的对象发生变形。圆、椭圆和文字不会被拉伸，圆和椭圆在拉伸操作时只有当交叉窗口选择区域超过半个圆或半个椭圆时发生平移，文字在拉伸时只有交叉窗口选中文字定位点时才发生平移。绘图时对于已有图形的重用可以使用该命令，提高绘图效率。

调用"拉伸"命令：在命令行输入 Stretch（S）并回车或在"修改"工具条用鼠标左键点击"   "按钮或在下拉式菜单点击"修改"/"拉伸"。

在图 5-13 中，由图 5-13（a）经过拉伸操作得到图 5-13（h），其命令行操作提示如下：

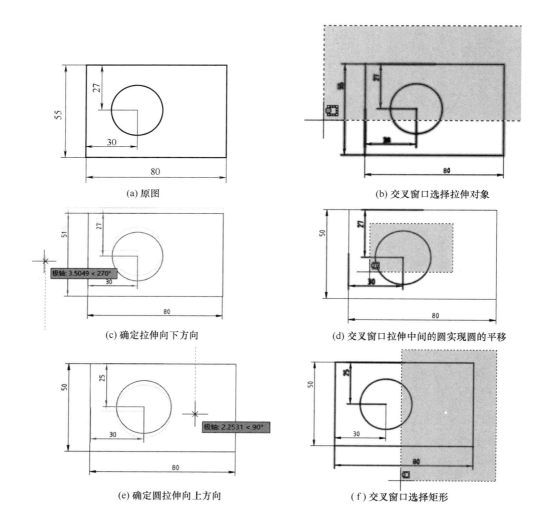

(a) 原图

(b) 交叉窗口选择拉伸对象

(c) 确定拉伸向下方向

(d) 交叉窗口拉伸中间的圆实现圆的平移

(e) 确定圆拉伸向上方向

(f) 交叉窗口选择矩形

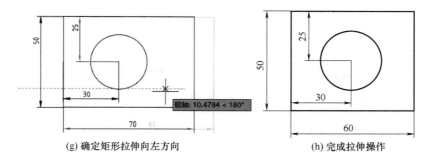

(g) 确定矩形拉伸向左方向   (h) 完成拉伸操作

图 5-13　拉伸

命令:S　STRETCH(调用拉伸命令)

以交叉窗口或交叉多边形选择要拉伸的对象...(切记:以交叉窗口选择被拉伸对象)

选择对象:指定对角点:找到 3 个[竖直方向拉伸,见图 5-13(b)]

选择对象(回车)

指定基点或[位移(D)]<位移>:[在屏幕拾取任一点,拖动光标向下直到出现对齐路径,见图 5-13(c)]

指定第二个点或 <使用第一个点作为位移>：5(输入拉伸距离 5)

命令： STRETCH(重复操作)

以交叉窗口或交叉多边形选择要拉伸的对象...

选择对象:指定对角点:找到 3 个[拉伸中间圆,见图 5-13(d)]

选择对象:(回车)

指定基点或[位移(D)]<位移>:[在屏幕任意拾取一点,拖动光标向上,见图 5-13(e)]

指定第二个点或 <使用第一个点作为位移>:2(输入拉伸距离 2)

命令： STRETCH(重复拉伸)

以交叉窗口或交叉多边形选择要拉伸的对象...

选择对象:指定对角点:找到 2 个(水平方向拉伸(f))

选择对象:(回车)

指定基点或[位移(D)]<位移>:[在屏幕任意拾取一点,拖动光标向左,见图 5-13(g)]

指定第二个点或 <使用第一个点作为位移>： 20(输入拉伸距离 20)

5.2.6　"拉长"命令 Lengthen

"拉长"操作是改变原图形的长度,操作时可以设定长度或角度的增量、总长度或百分比增量,也可以通过动态拖动的方式改变原图形的长度。拉长操作有方向性,需要向哪个方向拉长,就要选择靠近拉长方向的线段或圆弧。拉伸圆弧和拉伸直线的操作过程一样。

调用"拉长"命令：在命令行输入 Lengthen（LEN）并回车或在下拉式菜单中点击"修改"/"拉长（G）"。

在图 5-14 中，演示"拉长"直线的操作方式，命令行的提示如下：

命令：LEN　LENGTHEN(调用命令)

选择要测量的对象或[增量(DE)/百分比(P)/总计(T)/动态(DY)]＜总计(T)＞：de(增量方式)

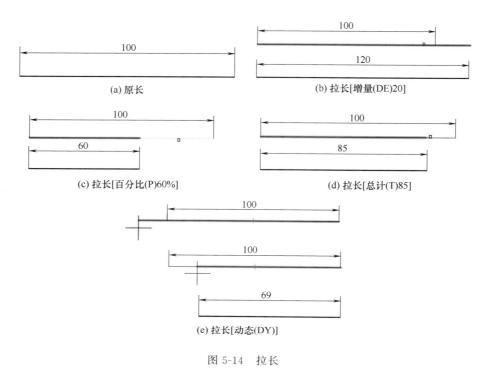

图 5-14　拉长

输入长度增量或[角度(A)]＜21.0000＞:20[输入增量距离 20 得到图 5-14(b)]

命令：　LENGTHEN(重复前一次操作直接回车)

选择要测量的对象或[增量(DE)/百分比(P)/总计(T)/动态(DY)]＜增量(DE)＞：P(选择"百分比"方式)

输入长度百分数 ＜80.0000＞:60[总长的 60％得到图 5-14(c)]

选择要修改的对象或[放弃(U)]：

命令：　LENGTHEN(重复前一次操作直接回车)

选择要测量的对象或[增量(DE)/百分比(P)/总计(T)/动态(DY)]＜百分比(P)＞：t(输入"总计"方式)

指定总长度或[角度(A)]＜100.0000＞:85[总长得到图 5-14(d)]

选择要修改的对象或[放弃(U)]：

命令：　LENGTHEN(重复前一次操作直接回车)

选择要测量的对象或[增量(DE)/百分比(P)/总计(T)/动态(DY)]＜总计(T)＞：

dy(输入"动态"方式)

　选择要修改的对象或［放弃(U)］:(选择直线段)

　指定新端点:［向左拉长增加得到图5-14(e)］

　选择要修改的对象或［放弃(U)］:

　命令:　*LENGTHEN*

　选择要测量的对象或［增量(DE)/百分比(P)/总计(T)/动态(DY)］＜动态(DY)＞:

(默认动态拉长,回车)

　选择要修改的对象或［放弃(U)］:［向右拉长图5-14(e)］

　指定新端点:

　选择要修改的对象或［放弃(U)］:

5.2.7 "打断"命令 Break

　"打断"图线让某个图线变成两部分,或者将图线的某部分从选择点处直接删除掉。

　调用"打断"命令:在命令行输入 Break（BR）并回车或在"修改"工具条用鼠标左键点击" "图标按钮,或在下拉式菜单点击"修改"/"打断"。

　图 5-15 所示的打断操作,其操作过程中命令行提示如下:

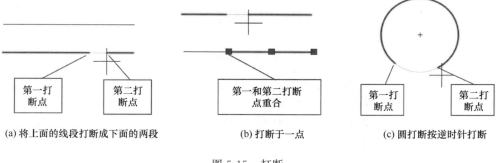

(a)将上面的线段打断成下面的两段　　(b)打断于一点　　(c)圆打断按逆时针打断

图 5-15　打断

　图 5-15(a)操作提示:

　命令:BR　BREAK(调用命令)

　选择对象:(选择直线,拾取直线的位置作为默认的第一打断点)

　指定第二个打断点 或［第一点(F)］:(指定第二个打断点)

　图 5-16(b)操作提示:

　命令:BR　BREAK(重复前一次操作,直接回车)

　选择对象:(拾取直线,拾取直线的位置作为第一打断点)

　指定第二个打断点 或［第一点(F)］:@(输入@表示在第一点处打断)

　图 5-16(c)操作提示:

　命令:BR　BREAK(重复前一次操作,直接回车)

选择对象:［选择圆,拾取点作为第一打断点,见图 5-15(c)］

指定第二个打断点 或［第一点(F)］:(指定第二点,第二点的位置位于光标与圆心连线的交点,按照逆时针方式打断圆)

5.2.8 "分解"命令 Explode

"分解"就是把原为一个整体的"块"对象分解成一个个独立的图线对象,块包括多段线和正多边形绘制的图形、尺寸标注、填充图案、草图线、多线等。分解后的对象成为独立的、简单的线段或圆弧。圆和椭圆不能被分解。

调用"分解"命令:在命令行输入 Explode(X)并回车或在"修改"工具条用鼠标左键点击" 🗗 "图标按钮或在下拉式菜单点击"修改"/"分解"。

在图 5-16 中,图 5-16(a)中的矩形、尺寸、填充图案、圆均为独立的块,通过对象选择可以发现其特征点如图 5-16(b)所示,分解后再选择对象,如图 5-16(c)所示,除圆之外,其他块均被分解成单一图素,命令行的操作提示如下:

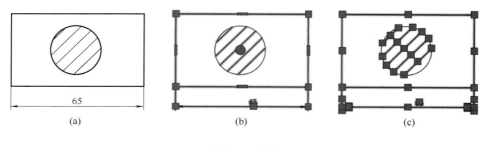

|(a)|(b)|(c)|

图 5-16 分解

命令:X EXPLODE

选择对象:(选择对象)指定对角点:找到 4 个(以"窗口"或"交叉窗口"方式选择对象)

1 个不能分解。

选择对象:

已删除图案填充边界关联性。

5.2.9 "删除"命令 Erase

"删除"命令用于清理绘图过程中不要的图线、文字等对象,根据要删除对象的不同,选择被删除对象时可以采用鼠标单选方式、"窗口"方式、"交叉窗口"、"全部 all"方式,在选择删除对象的过程中,如果发现不想删除的对象被选中,可以输入"r"回车然后选择移除不想被删的对象。

调用"删除"命令:在命令行输入 Erase(E)并回车或在"修改"工具条用鼠标左键点击" ✐ "图标按钮或从下拉式菜单点击"修改"/"删除"。

　　本章介绍了图形编辑时选择对象的方式，包括单选、框选和圈选，框选又分交叉窗口和窗口两种选择方式，圈选方式又分为圈围和圈交两种方式，绘图过程中根据需要灵活选用。图形的编辑命令介绍了"修剪"与"延伸"、"圆角"与"倒角"、拉伸、拉长、打断、分解及删除等命令，命令的灵活使用对提高绘图效率起到重要的作用。

1. 将图 5-17 中的图形由图 5-17（a）应用修剪命令修改成图 5-17（b）的形状。

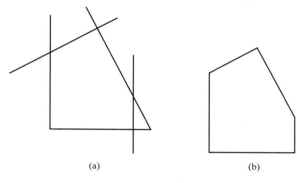

(a)　　　　　　　　　(b)

图 5-17　修剪训练

2. 用延伸命令编辑图 5-18（a），使其成为图 5-18（b）所示的形状。

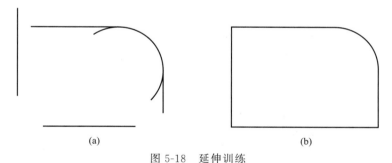

(a)　　　　　　　　　(b)

图 5-18　延伸训练

3. 用圆角和倒角命令修改图 5-19（a），使其结果为图 5-19（b）所示的形状并标注尺寸。

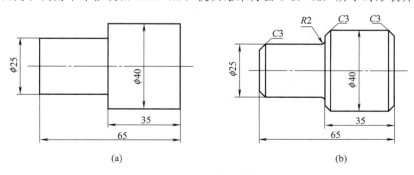

(a)　　　　　　　　　(b)

图 5-19　圆角和倒角

4. 将图 5-20 中图 5-20 （a）用拉伸命令修改成图 5-20 （b）所示的形状并标注尺寸。

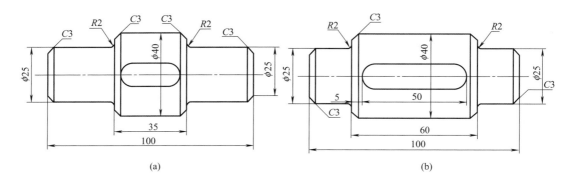

(a)

(b)

图 5-20 拉伸

5. 在图 5-21 中，以图 5-21 （a）为基础，拉长得到图 5-21 （b）~图 5-21 （d）。

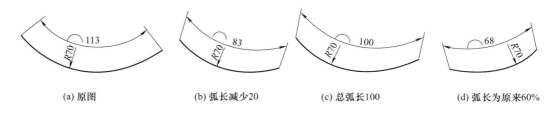

(a)原图　　　　　　(b)弧长减少20　　　　　(c)总弧长100　　　　(d)弧长为原来60%

图 5-21 拉长

6. 在图 5-22 中，将图 5-22 （a）的点画线通过打断得到图 5-22 （b）。

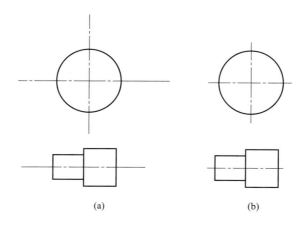

(a)　　　　　　　　(b)

图 5-22 打断

第6章 复杂二维图形的绘制

AutoCAD绘图时经常通过对现有图形进行编辑得到新的图形，提高绘图效率。

6.1 图形的移动与重用

6.1.1 "移动"命令Move

移动命令的作用是将图形从一个位置移动到另一个位置，使用"移动"命令需要提供移动的精确位置时，可以输入两点的坐标差或通过"对象捕捉"来确定需要移动的精确位置，操作过程中图形只发生位置的改变。

调用"移动"命令：在命令行输入Move（M）并回车或在"修改"工具条中用鼠标左键点击"➕"图标按钮或在下拉式菜单点击"修改"/"移动（v）"。

在图6-1中，通过"移动"命令把圆由图6-1（a）的位置移动到图6-1（b）的位置，其操作过程中命令行的提示如下：

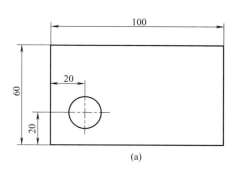
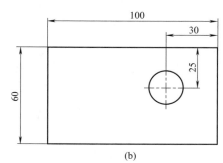

图6-1 移动

命令：M MOVE（调用命令）

选择对象：指定对角点：找到3个（选择需要移动的对象，包括点画线和圆）

选择对象：(回车结束移动对象的选择)

指定基点或[位移(D)]<位移>：(捕捉圆心位置)

指定第二个点或 <使用第一个点作为位移>：(按住"Shift"键或"Ctrl"键，同时点击鼠标右键，在捕捉快捷菜单中选择"自(F)"，捕捉矩形右上角点)_from 基点：<偏移>：@-30,-25(输入相对于矩形右上角点基点的相对位移，回车完成移动操作)

6.1.2 "旋转"命令 Rotate

"旋转"操作可以将对象绕着某一旋转中心旋转一定的角度，或绕中心点旋转并复制对象。

调用"旋转"命令：在命令行输入 Rotate（RO）并回车或在"修改"工具条用鼠标左键点击 " ⟳ " 图标按钮或在下拉式菜单点击"修改"/"旋转"。

将图 6-2（a）通过旋转操作变成图 6-2（b），其操作过程命令行提示如下：

命令：RO   ROTATE(调用命令)

UCS 当前的正角方向： ANGDIR＝逆时针   ANGBASE＝0

选择对象：指定对角点：找到 4 个(用"交叉窗口"方式选择对象)

选择对象：(回车)

指定基点：(指定旋转中心，捕捉正六边形的中心点)

指定旋转角度，或[复制(C)/参照(R)]<90>：(输入旋转角度并回车。输入正的角度产生逆时针方向旋转，输入负的角度产生顺时针方向旋转)

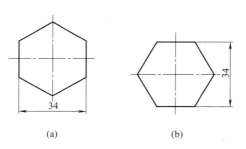

图 6-2　旋转

在图 6-3 中，由图 6-3（a）通过旋转操作得到图 6-3（b），操作过程命令行的提示如下：

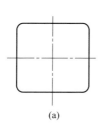 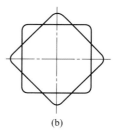

图 6-3　旋转

中文版AutoCAD 2018二维绘图技术

命令:RO　ROTATE(调用命令)

UCS 当前的正角方向：　ANGDIR＝逆时针　ANGBASE＝0

选择对象:找到 1 个(选择带圆角矩形)

选择对象:(回车)

指定基点:(选择矩形中心点作为旋转中心)

指定旋转角度,或[复制(C)/参照(R)]＜270＞：　c(选择"复制"选项)旋转一组选定对象

指定旋转角度,或[复制(C)/参照(R)]＜270＞：　45(输入旋转角度并回车)

6.1.3　"复制"命令 Copy

为了提高绘图效率，绘图时如果想要将相同的图素分布于图中不同的位置，可以采用"复制"命令进行快速产生多个相同的对象，对象之间只有位置上的差别。

调用"复制"命令：在命令行输入 Copy（CO）并回车或在"修改"工具条用鼠标左键点击"⚘"图标按钮或在下拉式菜单点击"修改"/"复制"。

在绘制图 6-4 所示的图形时，图形中有 6 个 $\phi 8$ 的圆，可以先定好圆的圆心位置，画好左下角的一个圆，剩余的圆则通过复制快速完成图形的绘制。其中复制时命令行的操作提示如下：

命令:CO　COPY(调用复制命令)

选择对象:找到 1 个(选择圆)

选择对象:(回车)

当前设置：　复制模式＝多个

指定基点或[位移(D)/模式(O)]＜位移＞:o 输入复制模式选项[单个(S)/多个(M)]＜多个＞:(此处选择默认选项,直接回车)

指定基点或[位移(D)/模式(O)]＜位移＞:(选择圆心为基准点)

指定第二个点或[阵列(A)]＜使用第一个点作为位移＞:(以下分别捕捉各个圆的圆心位置)

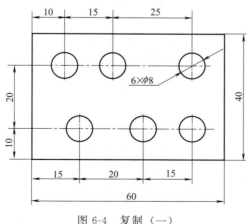

图 6-4　复制（一）

指定第二个点或［阵列（A）/退出（E）/放弃（U）］＜退出＞：

指定第二个点或［阵列（A）/退出（E）/放弃（U）］＜退出＞：

指定第二个点或［阵列（A）/退出（E）/放弃（U）］＜退出＞：

指定第二个点或［阵列（A）/退出（E）/放弃（U）］＜退出＞：

指定第二个点或［阵列（A）/退出（E）/放弃（U）］＜退出＞：（回车，完成圆的复制操作）

在图 6-5 中，要绘制六个相同的矩形，可以绘制左边的一个矩形，然后通过复制中的"阵列 A"选项进行一次绘制完成，复制操作的命令行提示如下：

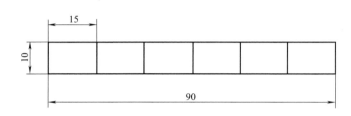

图 6-5　复制（二）

命令：CO　COPY（调用命令）

选择对象：找到 1 个（选择矩形）

选择对象：（回车）

当前设置：　复制模式＝多个

指定基点或［位移（D）/模式（O）］＜位移＞：（选择矩形左下角点）

指定第二个点或［阵列（A）］＜使用第一个点作为位移＞：a（选择"阵列"方式）

输入要进行阵列的项目数：6（输入要阵列的数量）

指定第二个点或［布满（F）］：（捕捉矩形右下角点，以确定阵列间距）

指定第二个点或［阵列（A）/退出（E）/放弃（U）］＜退出＞：（回车结束阵列）

图 6-5 也可以先画 90×10 的矩形，分解矩形，然后复制竖线，命令行操作提示如下：

命令：CO　COPY

选择对象：找到 1 个

选择对象：

当前设置：　复制模式＝多个

指定基点或［位移（D）/模式（O）］＜位移＞：

指定第二个点或［阵列（A）］＜使用第一个点作为位移＞：a（输入"阵列"选项）

输入要进行阵列的项目数：7（输入阵列数量）

指定第二个点或［布满（F）］：f（选择布满两点，也就是在两点之间放七个相同的对象，形成 6 个间隔）

中文版 AutoCAD 2018 二维绘图技术

指定第二个点或[阵列(A)]:(选择矩形左下角点)

指定第二个点或[阵列(A)/退出(E)/放弃(U)]<退出>:(选择矩形右下角点,回车)

6.1.4 "偏移"命令 Offset

绘图时,对于两个对象之间距离相等,形状相似或相同,可以用偏移命令来完成绘图。直线偏移时属于等距复制,其他形状的图线偏移时会按偏移尺寸放大或缩小。

调用"偏移"命令:在命令行输入 Offset(O)并回车或在"修改"工具条用鼠标左键点击"⌐"图标按钮或在下拉式菜单点击"修改"/"偏移"。

用"偏移"命令绘制图 6-6 中的 4 条竖线,偏移时命令行的操作提示如下:

图 6-6　偏移

命令:O　OFFSET(调用命令)

当前设置:删除源=否　图层=源　OFFSETGAPTYPE=0

指定偏移距离或[通过(T)/删除(E)/图层(L)]<10.0000>:　15(输入偏移的距离)

选择要偏移的对象,或[退出(E)/放弃(U)]<退出>:(拾取第一条竖线)

指定要偏移的那一侧上的点,或[退出(E)/多个(M)/放弃(U)]<退出>:(用鼠标在竖线的右侧位置拾取任一点)

选择要偏移的对象,或[退出(E)/放弃(U)]<退出>:(选择第二条竖线)

指定要偏移的那一侧上的点,或[退出(E)/多个(M)/放弃(U)]<退出>:(用鼠标在第二条竖线的右侧位置拾取任一点)

选择要偏移的对象,或[退出(E)/放弃(U)]<退出>:(选择第三条竖线)

指定要偏移的那一侧上的点,或[退出(E)/多个(M)/放弃(U)]<退出>:(用鼠标在第三条竖线的右侧位置拾取任一点)

选择要偏移的对象,或[退出(E)/放弃(U)]<退出>:(回车完成操作)

绘制图 6-7 中的 4 个同心圆,相邻两圆的直径差为 20,可以绘制最大圆或最小圆,然后用偏移命令快速完成绘制,偏移命令行的提示如下:

命令:O　OFFSET(调用命令)

当前设置:删除源=否　图层=源　OFFSETGAPTYPE=0

指定偏移距离或[通过(T)/删除(E)/图层(L)]<10.0000>:(输入偏移距离即半径差值)

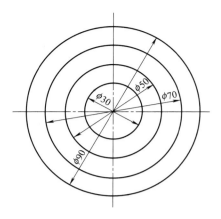

图 6-7　偏移

选择要偏移的对象,或［退出(E)/放弃(U)］＜退出＞:(选择 90 直径的大圆)

指定要偏移的那一侧上的点,或［退出(E)/多个(M)/放弃(U)］＜退出＞:(在大圆内侧拾取任一点)

选择要偏移的对象,或［退出(E)/放弃(U)］＜退出＞:(选择 70 直径的圆)

指定要偏移的那一侧上的点,或［退出(E)/多个(M)/放弃(U)］＜退出＞:(在 70 圆内侧拾取任一点)

选择要偏移的对象,或［退出(E)/放弃(U)］＜退出＞:(选择 50 直径的圆)

指定要偏移的那一侧上的点,或［退出(E)/多个(M)/放弃(U)］＜退出＞:(在 50 圆内侧拾取任一点)

选择要偏移的对象,或［退出(E)/放弃(U)］＜退出＞:(回车结束命令)

6.1.5 "镜像"命令 Mirror

对于轴对称图形,在画图时可以使用"镜像"命令来快速绘图。

调用"镜像"命令:在命令行输入 Mirror(MI)并回车或在"修改"工具条用鼠标左键点击 " ◁◁ " 图标按钮或在下拉式菜单点击 "修改"/"镜像"。

在绘制图 6-8（a）所示的图形时,上下两部分通过"镜像"命令可以快速完成绘图,"镜像"操作时命令行的提示如下:

命令:MI　MIRROR(调用命令)

选择对象:指定对角点:找到 7 个(用窗口方式选择对象,避免误选,如果误选不需要镜像的对象,可在命令行输入"r"回车,移除误选的对象)

选择对象:　指定镜像线的第一点:(在中间的镜像线上捕捉点画线与圆或椭圆的一个交点)

指定镜像线的第二点:(在中间的镜像线上捕捉点画线与圆或椭圆的另外一个交点)

要删除源对象吗?［是(Y)/否(N)］＜否＞:(回车完成镜像操作)

注:在镜像文字时,系统变量 mirrortext 的值为 0 时镜像后的文字只是发生了平移,系统变量值为 1 时文字被镜像。

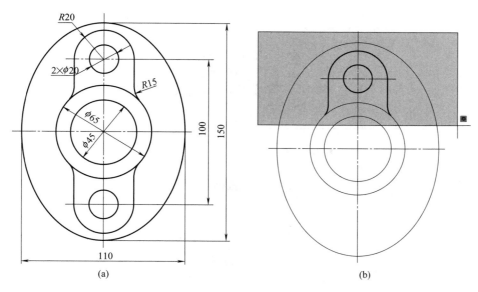

图 6-8　镜像

6.1.6　"阵列"命令 Array

当图形对象成一定规律分布时，可以考虑用"阵列"来进行对象的快速多重复制，"阵列"操作可以显著提高绘图效率。阵列方式有矩形阵列、环形阵列和路径阵列三种。

调用"阵列"命令：在命令行输入 Array（AR）并回车或在"修改"工具条用鼠标左键点击"██"或"░░"或"░░"图标按钮或在下拉式菜单点击"修改"/"阵列"/［矩形阵列/环形阵列/路径阵列］。

（1）矩形阵列

用于控制行数和行间距、列数和列间距。

绘制图 6-9（a）中的 24 个圆，先绘制左下角的圆，如图 6-9（b）所示，然后调用"阵列"命令，选择"矩形阵列"方式，在图 6-9（c）矩形阵列面板中输入相关的数值，即可完成圆的阵列。在输入行间距或列间距时，可以输入负值，这时向反方向阵列对象。对于平面图形，阵列的层级无须考虑，按下关联按钮时，表示关联阵列，阵列后的对象是一个整体，可以双击进行阵列编辑。图 6-9（d）为阵列界面，可以通过阵列界面进行阵列对象的行数与列数的变更。"矩形阵列"命令行的提示如下：

命令：AR　ARRAY（调用命令）

选择对象：指定对角点：找到 3 个（选择要阵列的源对象）

选择对象：输入阵列类型［矩形（R）/路径（PA）/极轴（PO）］＜矩形＞：r（输入"矩形"阵列选项并回车）

类型＝矩形　关联　＝是

选择夹点以编辑阵列或［关联（AS）/基点（B）/计数（COU）/间距（S）/列数（COL）/行数（R）/层数（L）/退出（X）］＜退出＞：（在阵列面板修改相关数据后回车）

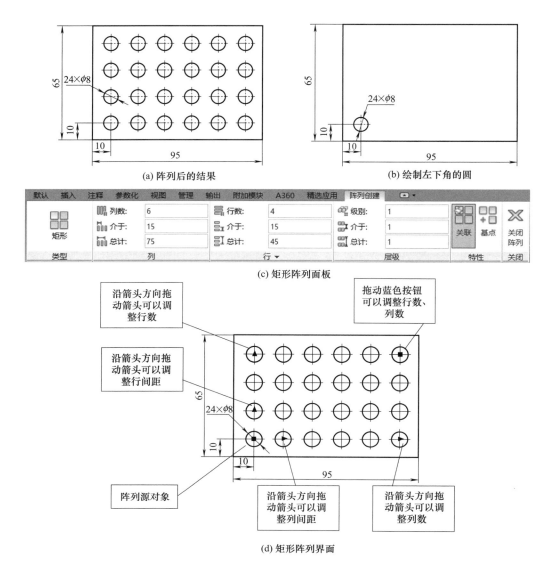

(a) 阵列后的结果　　　　　　　　　　(b) 绘制左下角的圆

(c) 矩形阵列面板

(d) 矩形阵列界面

图 6-9　矩形阵列

（2）极轴阵列

用于将对象绕某个中心点和在某个角度范围内均匀分布对象，也叫环形阵列。

绘制图 6-10（a）所示的法兰盘，图中 $8×\phi 14$ 的圆，沿着 $\phi 100$ 的中心圆均匀分布，绘图时先绘制如图 6-10（b）所示的一个小圆，然后通过"极轴阵列"，在图 6-10（c）阵列面板中修改阵列的参数，得到图 6-10（a），命令行的操作提示如下：

命令:AR　ARRAY(调用命令)

选择对象:找到 1 个

选择对象:指定对角点:找到 1 个,总计 2 个(选择圆和圆的中心线,图中单独画了一条水平中心线用于阵列)

选择对象:　输入阵列类型［矩形（R）/路径（PA）/极轴（PO）］＜矩形＞:PO(输入"极轴"阵列类型)

类型＝极轴　关联＝是

指定阵列的中心点或[基点(B)/旋转轴(A)]:(捕捉大圆的中心点)

选择夹点以编辑阵列或[关联(AS)/基点(B)/项目(I)/项目间角度(A)/填充角度(F)/行(ROW)/层(L)/旋转项目(ROT)/退出(X)]＜退出＞:(在图6-10(c)阵列面板中修改相关参数后回车,完成极轴阵列)

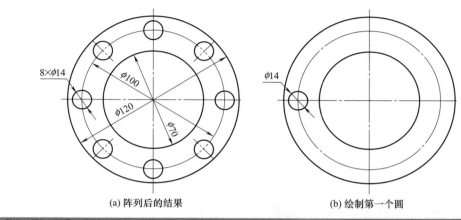

(a) 阵列后的结果　　　　　　　　(b) 绘制第一个圆

(c) 阵列面板

图 6-10　环形阵列

（3）路径阵列

用于将对象沿某个路径按一定规律分布。

在图 6-11（a）中要沿一曲线路径均匀布置 10 面小旗，先画左边的一面小旗，如图

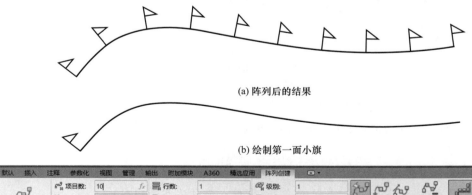

(a) 阵列后的结果

(b) 绘制第一面小旗

(c) 阵列面板

图 6-11　路径阵列

第 6 章　复杂二维图形的绘制

6-11（b）所示，然后调用路径阵列命令并在图 6-11（c）阵列面板中输入相关参数即可完成阵列，阵列时命令行提示如下：

命令：AR　ARRAY（调用命令）

选择对象：指定对角点：找到 3 个

选择对象：　输入阵列类型[矩形（R）/路径（PA）/极轴（PO）]＜路径＞：PA（输入"路径"阵列类型）

类型＝路径　关联＝是

选择路径曲线：（选择曲线作为阵列路径）

选择夹点以编辑阵列或[关联（AS）/方法（M）/基点（B）/切向（T）/项目（I）/行（R）/层（L）/对齐项目（A）/z 方向（Z）/退出（X）]＜退出＞：（在图 6-11(c)中输入相关参数并回车，完成阵列操作）

6.1.7　"缩放"命令 Scale

用于将选定的图形对象在 X 轴和 Y 轴两个方向进行相同比例的放大或缩小，比例不能为负值，缩放图形时需要指定缩放的基准点和缩放比例值。

调用"缩放"命令：在命令行输入 Scale（SC）并回车或在"修改"工具条上用鼠标左键点击"　"图标按钮或在下拉式菜单点击"修改"/"缩放"。

将图 6-12（a）用"缩放"命令得到图 6-12（b），命令行的提示如下：

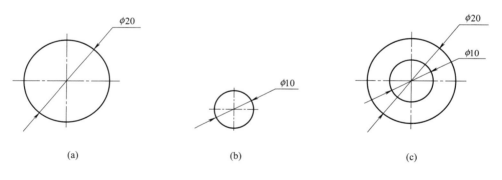

图 6-12　缩放

命令：SC　SCALE（调用命令）

选择对象：指定对角点：找到 4 个（选择缩放对象）

选择对象：（回车）

指定基点：（捕捉圆心为基点）

指定比例因子或[复制（C）/参照（R）]：0.5（输入缩放比例并回车）

由图 6-12（a）得到图 6-12（c），则需要在缩放时选择"复制"选项，然后输入缩放比例，命令行的操作提示如下：

命令：SC　SCALE

选择对象:指定对角点:找到 4 个

选择对象:(回车)

指定基点:

指定比例因子或[复制(C)/参照(R)]:c 缩放一组选定对象。(输入"复制"选项)

指定比例因子或[复制(C)/参照(R)]:0.5

在图 6-13（c）中，需要在矩形中绘制五个圆，其中中间圆的直径是另外四个相对的小圆的直径的 2 倍，小圆与矩形相切。绘图过程及命令行的提示如下：

命令:REC　RECTANG(绘制矩形)

指定第一个角点或[倒角(C)/标高(E)/圆角(F)/厚度(T)/宽度(W)]:(指定矩形第一角点)

指定另一个角点或[面积(A)/尺寸(D)/旋转(R)]:

＞＞输入 ORTHOMODE 的新值 ＜0＞:

正在恢复执行 RECTANG 命令。

指定另一个角点或[面积(A)/尺寸(D)/旋转(R)]:@60,40(指定矩形另一角点确定矩形的大小)

命令:L　LINE(绘制矩形斜对角线)

指定第一个点:

指定下一点或[放弃(U)]:

指定下一点或[放弃(U)]:

命令:C　CIRCLE(绘制左下角小圆)

指定圆的圆心或[三点(3P)/两点(2P)/切点、切点、半径(T)]:t(选择画圆方式)

指定对象与圆的第一个切点:(捕捉圆与矩形第一切点)

指定对象与圆的第二个切点:(捕捉圆与矩形第二切点)

指定圆的半径 ＜10.0000＞:5(给定圆半径值,可以任意值,此处方便画图给出半径5)

命令:O　OFFSET(偏移小圆)

当前设置:删除源＝否　图层＝源　OFFSETGAPTYPE＝0

指定偏移距离或[通过(T)/删除(E)/图层(L)] ＜10.0000＞:(输入偏移距离 10,用于在斜对角线上找大圆的圆心)

选择要偏移的对象,或[退出(E)/放弃(U)] ＜退出＞:(选择小圆)

指定要偏移的那一侧上的点,或[退出(E)/多个(M)/放弃(U)] ＜退出＞:(在小圆外拾取任一点用于确定偏移方向)

选择要偏移的对象,或[退出(E)/放弃(U)] ＜退出＞:　＊取消＊(回车结束偏移命令)

命令:C　CIRCLE(绘制大圆)

指定圆的圆心或[三点(3P)/两点(2P)/切点、切点、半径(T)]:(选择刚才偏移的圆与矩形斜对角线的交点为大圆的圆心)

指定圆的半径或[直径(D)] ＜5.0000＞:10(输入大圆半径,此处要求保证大圆的半径是小圆半径的 2 倍)

命令:

命令:_.erase 找到 1 个(删除命令,将刚才偏移辅助圆删除)

命令:SC SCALE(缩放命令)

选择对象:找到 1 个

选择对象:找到 1 个,总计 2 个(拾取两个要进行缩放的圆)

选择对象:(回车)

指定基点:(选择矩形左下角点)

指定比例因子或[复制(C)/参照(R)]:r(输入参照选项)

指定参照长度 <21.8695>:(捕捉矩形左下角点)

指定第二点:(捕捉大圆圆心点,以这两点连线距离为参照长度)

指定新的长度或[点(P)] <36.0555>:(捕捉矩形斜对角线的中点,以中点和矩形左下角点连线为新长度,确定缩放比例,完成两个圆的缩放)

命令:MI MIRROR(镜像命令用于镜像另外的三个圆)

选择对象:找到 1 个(选择小圆)

选择对象: 指定镜像线的第一点:(捕捉矩形边线的中点)

指定镜像线的第二点:(捕捉矩形对边中点)

要删除源对象吗?[是(Y)/否(N)] <否>:

命令: MIRROR(重复镜像命令直接回车)

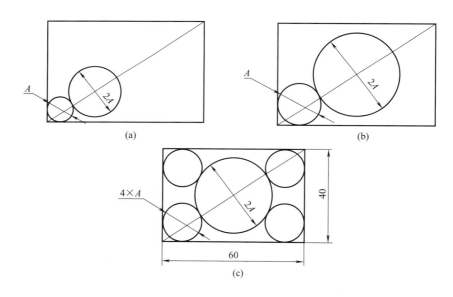

图 6-13 缩放——参照 R

选择对象:指定对角点,找到 1 个

选择对象:找到 1 个,总计 2 个(选择需要镜像的两个小圆)

选择对象: 指定镜像线的第一点:(在另一个方向捕捉矩形边线中点)

指定镜像线的第二点:(捕捉矩形对边中点)

要删除源对象吗?[是(Y)/否(N)] <否>:(至此完成图形的绘制)

6.2 图案填充

6.2.1 "图案填充"命令 Bhatch

工程图中对零件的结构表达经常需要用剖视图、断面图，画剖视图和断面图时需要画剖面线表示剖面区域，在 AutoCAD 中，剖面线通过"图案填充"命令来实现，可以灵活调整剖面线的间距和方向。填充的图案以图块的形式呈现，可以用"分解"命令进行分解。

调用"图案填充"命令：在命令行输入 Bhatch 或 Hatch（H）并回车或在"绘图"工具条中用鼠标左键点击" "图标按钮或在下拉式菜单点击"绘图"/"图案填充"。

在图 6-14 中，填充图案图 6-14（a）～图 6-14（c），命令行的提示如下：

图 6-14(a)操作提示：

命令：H HATCH(调用命令)

选择对象或[拾取内部点(K)/放弃(U)/设置(T)]：T[输入设置选项，在图 6-14(e)中设置孤岛检测方式为"普通"]

选择对象或[拾取内部点(K)/放弃(U)/设置(T)]：K(选择拾取内部点选项，在要填充图案的边界内侧拾取一点)

拾取内部点或[选择对象(S)/放弃(U)/设置(T)]：(在矩形内侧大圆外侧范围拾取一点)正在选择所有对象...(要调整填充图案的疏密程度可在图 6-14(d)中输入比例数值，本例中输入 2)

正在选择所有可见对象...

正在分析所选数据...

正在分析内部孤岛...

拾取内部点或[选择对象(S)/放弃(U)/设置(T)]：[得到图 6-14(a)]

图 6-14(b)操作提示：

命令：H HATCH

拾取内部点或[选择对象(S)/放弃(U)/设置(T)]：t[输入设置选项，在图 6-14(e)中设置孤岛检测方式为"外部"]

拾取内部点或[选择对象(S)/放弃(U)/设置(T)]：

拾取内部点或[选择对象(S)/放弃(U)/设置(T)]：(在矩形内侧大圆外侧范围拾取一点)正在选择所有对象...(要调整填充图案的疏密程度可在图 6-14(d)中输入比例数值，本例中输入 2)

正在选择所有可见对象...

正在分析所选数据...

正在分析内部孤岛...

拾取内部点或[选择对象(S)/放弃(U)/设置(T)]：

图 6-14(c)操作提示：

命令：H   HATCH

拾取内部点或[选择对象(S)/放弃(U)/设置(T)]：T[在图 6-14(e)中设置孤岛检测方式为"忽略"]

拾取内部点或[选择对象(S)/放弃(U)/设置(T)]：(在矩形内侧大圆外侧范围拾取一点)正在选择所有对象...

正在选择所有可见对象...（要调整填充图案的疏密程度可在图 6-14(d)中输入比例数值，本例中输入 2）

正在分析所选数据...

正在分析内部孤岛...

拾取内部点或[选择对象(S)/放弃(U)/设置(T)]：

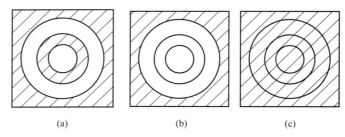

(a)   (b)   (c)

(d)

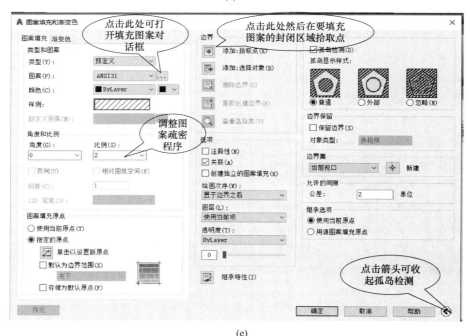

(e)

图 6-14　图案填充

6.2.2 "图案填充"编辑

通过双击填充的图案，可在图 6-15 所示的"图案填充编辑器"面板根据需要进行修改，该面板中可以重新选择填充图案，可以用实体填充，可以改变填充图案的颜色，还可以重新设置图案填充的角度、比例和图案透明度，通过关联性设置可以改变填充图案与填充边界之间的关联状态。

图 6-15　图案编辑

6.3　夹点设置及编辑

在命令行没有输入任何命令的情况下，选择图形对象，被选中的对象上显示一些蓝色小矩形框，这些矩形框为图形的夹点，通过夹点编辑可以对图形对象进行拉伸、移动、旋转、镜像、复制、缩放等操作。

6.3.1　夹点设置

在绘图区域点击鼠标右键，打开"选项"对话框，在对话框中选择"选择集"选项卡，如图 6-16 所示，在对话框中可以设置夹点的大小、夹点颜色。

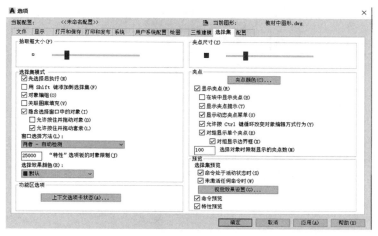

图 6-16　夹点设置

6.3.2 夹点编辑

（1）夹点拉伸

通过夹点操作实现对象拉伸，如图 6-17 中，通过拉伸操作，将矩形的长度由图 6-17（a）的 60 变成图 6-17（c）的 80，图 6-17（b）为拉伸夹点的位置和方向。点击矩形，然后点击矩形右侧竖控制中心并向右方拉伸，在命令行输入拉伸距离 20 并回车。命令行提示如下：

＊＊拉伸＊＊

指定拉伸点：20

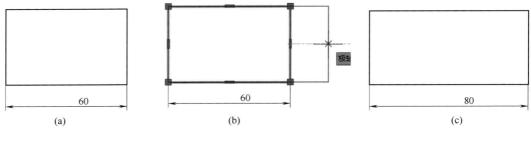

图 6-17　夹点拉伸

（2）夹点移动

通过夹点编辑实现对象在图中位置的移动。在图 6-18 中，通过夹点编辑将圆的位置由图 6-18（a）移动到图 6-18（c）所示的位置，选择对象后按一次空格键，出现移动操作，选择圆心为移动基点，如图 6-18（b）所示，然后输入移动的距离，命令行的提示如下：

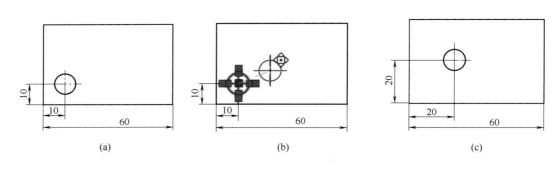

图 6-18　夹点移动

命令：指定对角点或［栏选（F）/圈围（WP）/圈交（CP）］：（选择对象，然后选择圆心为基点）

命令：

＊＊拉伸＊＊

指定拉伸点或[基点(B)/复制(C)/放弃(U)/退出(X)]:(按空格键)

＊＊MOVE＊＊(进入移动模式)

指定移动点 或[基点(B)/复制(C)/放弃(U)/退出(X)]:(默认基点为圆心,如果要重新选择基点,这时输入B回车进行基点的重新选择)

＞＞输入ORTHOMODE的新值＜0＞:

正在恢复执行GRIP_MOVE命令。

指定移动点 或[基点(B)/复制(C)/放弃(U)/退出(X)]:@10,10(输入移动的距离并回车)

（3）夹点复制

通过夹点编辑实现对象的复制和移动,在图6-19中,要复制一个小圆,由图6-19（a）到图6-19（c）,可通过选择小圆和中心线,拾取圆心后按空格键进入移动模式,在移动模式下选择复制并输入移动的距离,如果复制单个对象则不需要进入移动模式,命令行的操作提示如下:

命令:指定对角点或[栏选(F)/圈围(WP)/圈交(CP)]:(选择对象然后选择圆心)

命令:

＊＊拉伸＊＊

指定拉伸点或[基点(B)/复制(C)/放弃(U)/退出(X)]:(按空格键)

＊＊MOVE＊＊(进入移动模式)

指定移动点 或[基点(B)/复制(C)/放弃(U)/退出(X)]:c(输入复制选项)

＊＊MOVE（多个）＊＊

指定移动点 或[基点(B)/复制(C)/放弃(U)/退出(X)]:30(在水平对齐路径下输入向右移动的距离,如果不在水平对齐状态时,请输入@30,0)

＊＊MOVE（多个）＊＊

指定移动点 或[基点(B)/复制(C)/放弃(U)/退出(X)]:

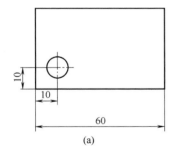
(a)
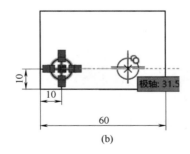
(b)
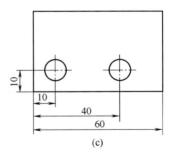
(c)

图6-19 夹点复制

（4）夹点旋转

通过夹点编辑实现对象的旋转,也可在旋转的同时进行复制。在图6-20中通过图6-20（a）将右侧部分旋转到图6-20（b）时,先选中要旋转的对象,然后选择旋转基点,如图6-20（c）所示,连续按两次回车进入旋转模式,输入旋转的角度即可完成。

命令行的提示如下：

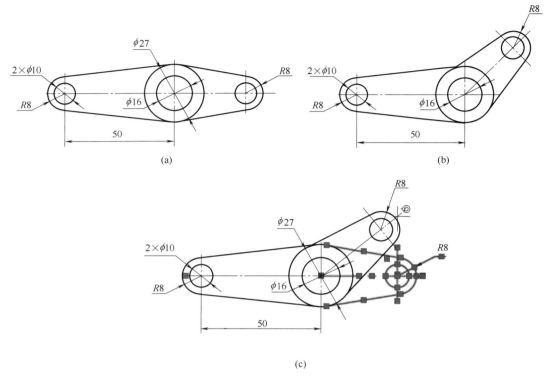

图 6-20　夹点旋转

命令:指定对角点或[栏选(F)/圈围(WP)/圈交(CP)]:[交叉框选要旋转的对象,然后选择旋转基点,见图 6-20(c)]

命令:

** 拉伸 **

指定拉伸点或[基点(B)/复制(C)/放弃(U)/退出(X)]:(按空格键)

** MOVE **

指定移动点 或[基点(B)/复制(C)/放弃(U)/退出(X)]:(再一次按空格键)

** 旋转 **(进入旋转模式)

指定旋转角度或[基点(B)/复制(C)/放弃(U)/参照(R)/退出(X)]:45(输入旋转角度后回车)

本 章 小 结

本章介绍了绘制复制图形的常用编辑命令，包括移动、旋转、复制、偏移、镜像、阵列、缩放、填充和夹点编辑。绘制同一个图形，可以用不同的命令来完成，但在效率上会有很大的差别。灵活使用这些命令，可以显著提高绘图的效率和图形的准确程度。

中文版 AutoCAD 2018 二维绘图技术

1. 绘制如图 6-21 所示的苏宁易购徽标。

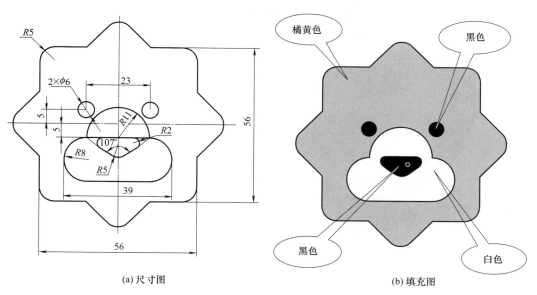

(a) 尺寸图　　　　　　　　(b) 填充图

图 6-21　苏宁易购徽标

2. 如图 6-22 所示，绘制奥运五环，填充为实体（solid），颜色从左到右顺序：蓝、黄、黑、绿、红。

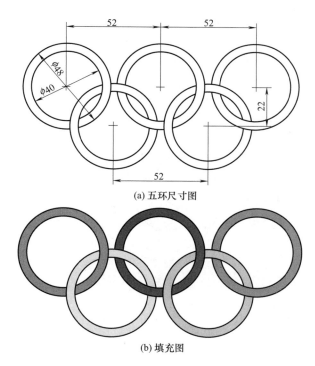

(a) 五环尺寸图

(b) 填充图

图 6-22　奥运五环

3. 绘制田径跑道图形，如图 6-23 所示。

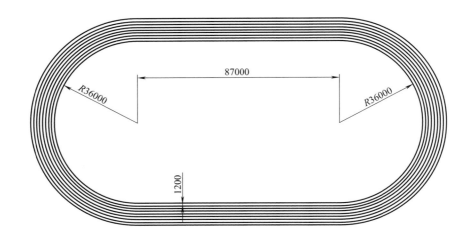

图 6-23　田径跑道

4. 利用镜像命令完成图 6-24 的绘制并标注尺寸。

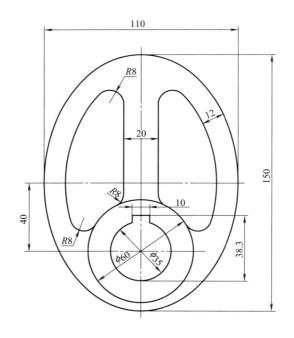

图 6-24　镜像绘图

5. 绘制阀盖零件图并标注尺寸（图 6-25）。

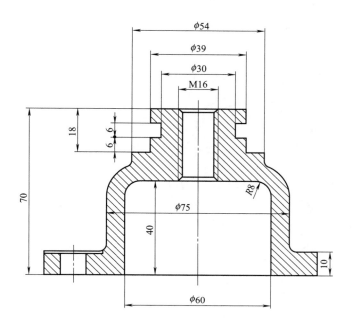

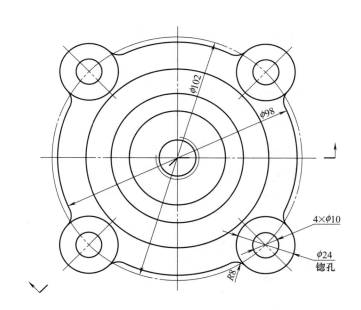

未注圆角R1~2。

图 6-25 阀盖零件图

第 6 章　复杂二维图形的绘制

6. 绘制定位板（图 6-26）。

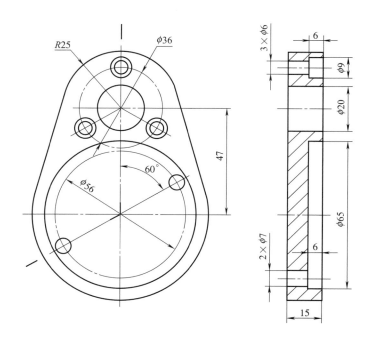

图 6-26　定位板

7. 绘制图 6-27 所示的平面图形。

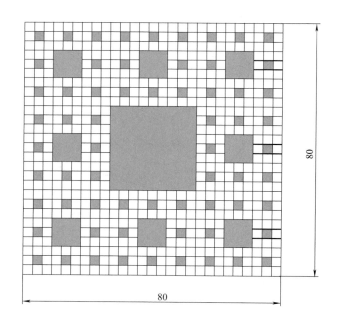

图 6-27　绘制平面图形

中文版 AutoCAD 2018 二维绘图技术

8. 绘制图 6-28 所示的图形。

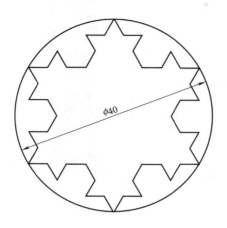

图 6-28　绘制图形

9. 绘制图 6-29 所示的视觉图形。

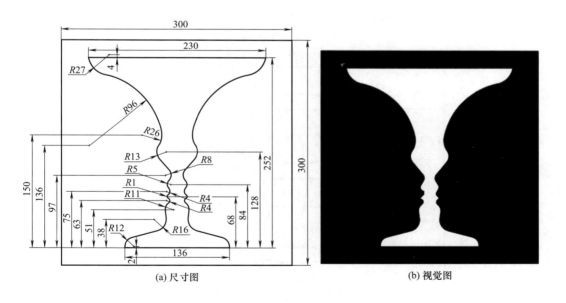

(a) 尺寸图　　　　　　　　　　(b) 视觉图

图 6-29　视觉图形绘制

10. 按图 6-30（a）尺寸绘制图案，修剪填充完成图 6-30（b）。

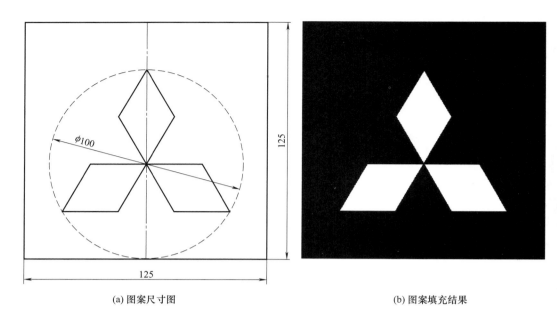

(a) 图案尺寸图　　　　　　　　　　　(b) 图案填充结果

图 6-30　三菱商标图案

11. 按图 6-31（a）尺寸绘制图案，修剪填充完成图 6-31（b）。

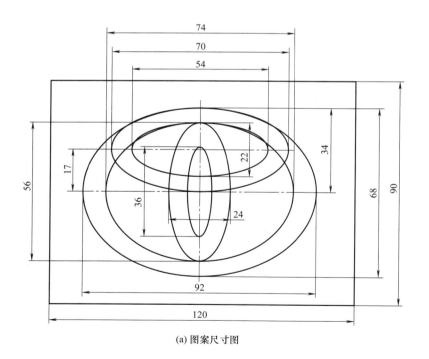

(a) 图案尺寸图

(b) 图案填充图

图 6-31　丰田公司商标图案

第7章

块、组和设计中心

7.1 块

"块"是一个或多个对象组成的集合，通常用于复杂或重复对象的绘制。如果一组对象组合为块，可以根据作图需要将这组对象插入到图形中任意指定位置，还可以对块进行缩放、旋转等操作。文件保存时"块"作为一个对象被保存，文件中保存的是块的信息，而不像图形对象要保存线型、线宽、颜色、位置等信息。块可以节省磁盘存储空间，图形文件中插入的同一个块，可以通过重新定义块来对原块进行编辑，块更新后，图形中插入的所有相同块的信息都会同步更新，大大提高绘图效率。

7.1.1 "块"命令

块可分为内部块和外部块，内部块只能用于该文件，在该文件所在的绘图环境中使用，外部块作为一个独立的文件单独存储，可以插入到任意 AutoCAD 图形中。

（1）内部"块"命令 Block

调用"块"命令：在命令行输入 Block（B）并回车或在"绘图"工具条用鼠标左键点击"▭"图标按钮或在下拉式菜单点击"绘图"/"块"/"创建（M…）"。

如将图 7-1（a）创建成的块如图 7-1（b）所示。输入块命令后，会弹出块定义对话框，如图 7-1（c）所示，要分别输入名称、基点并选择对象，生成块后，可以在对话框中选择将生成块的对象"保留"为原始状态或"转换为块"或将其"删除"。其命令行的提示如下：

命令：B BLOCK(调用块命令)指定插入基点:(输入块基点,通常拾取将来插入块时的插入对齐点作为块基点)

选择对象:指定对角点:找到 7 个(选择生成块的对象,可以"窗口"方式选择、"交叉窗口"或者单独拾取对象。如果发现选中了并不想参与生成块的对象,这时可以在命令行

输入"R"并回车,将误选的对象选中移出选择集)

选择对象:

(注:当你选中生成的块时,块整体变成墨绿色,基点为小矩形框,如图 7-1(b)所示)

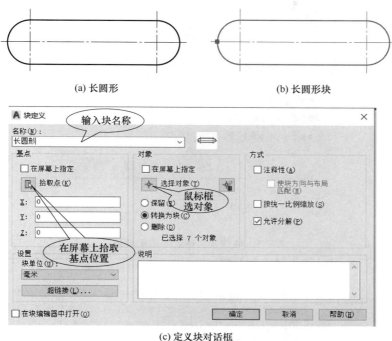

(a) 长圆形   (b) 长圆形块

(c) 定义块对话框

图 7-1　内部块定义

（2）外部"块"命令 Wblock

调用"块"命令：在命令行输入 Wblock（W）并回车。

输入块命令后会弹出图 7-2 写块对话框,对话框中"源"如果是已有的块,则在右侧下拉式菜单中选择用于写块的块对象,如果是"整个图形"作为块文件则选择"整个图形"选项,如果是"对象"则与内部块定义是相同的操作。按照块文件的保存路径和块名进行文件的保存。双击保存好的块文件,即可打开块文件,可以像编辑 AutoCAD 文件一样对块文件进行编辑。

7.1.2　"块插入"命令 Insert

块的插入,即将块或块文件插入到当前文件中。可以直接插入单个块,或以阵列插入图块、以定数或定距等分方式插入块。

插入块时要注意"图层"的使用,如果需要块使用当前的图层或保留原来的图层,可以对块的图层以及图层的颜色、线型特性加以管理,会得到自己想要的插入效果。具体定义方法及插入效果见表 7-1。

图 7-2　写块

表 7-1　块插入文件后的不同效果

对象特性	插入块后的效果
在任意图层（0 层除外）设置对象特性为"ByLayer"	块保持相应图层的特性。如果把块插入其他没有此图层的图中，则图形会创建此图层，如果块与该图层的对象特性不同，则块取当前图层的对象特性，如果把块插入不同的图层，块保持它创建时的图层特性
在任意图层（0 层除外）设置对象特性的线型、线宽和颜色	块保持插入图层的对象特性。如果插入到其他图形，图形中将创建图层，在其上构建原来的对象
在任意图层（0 层除外）设置对象特性为"ByBlock"	块采用当前的颜色设置，如果创建块时，颜色、线型、线宽均为 ByBlock，则这些对象总是用黑色/白色连续线型及默认的线宽显示
在 0 层设置对象特性为"ByLayer"或"ByBlock"	块采用插入它的当前图层的特性，如果把它插入到其他的图层，将不创建任何图层

所以，创建块时最好的情况是在 0 层创建块，或把对象特性设置为"ByLayer"，这时插入块时能产生自适应块。在 0 图层创建块最简单，如果想使块具有特定的颜色和线型，就为它们创建一个图层，在插入块之前切换到该图层，插入之后，可以用更改其他对象图层相同的方法更改块的图层。

（1）直接插入单个块

调用"块插入"命令：在命令行输入 Insert（I）并回车或在"绘图"工具条中用鼠标左键点击"  "图标按钮或在下拉式菜单点击"插入"/"块（B）…"。

调用插入命令后会弹出图 7-3 所示的对话框，在对话框中，如果是插入内部块，则在"名称"右侧选择箭头位置的相应的块，如果是插入块文件，则点击"浏览（B）…"，选择相应的块文件。通常情况块的插入点是在屏幕上捕捉，插入"比例"可

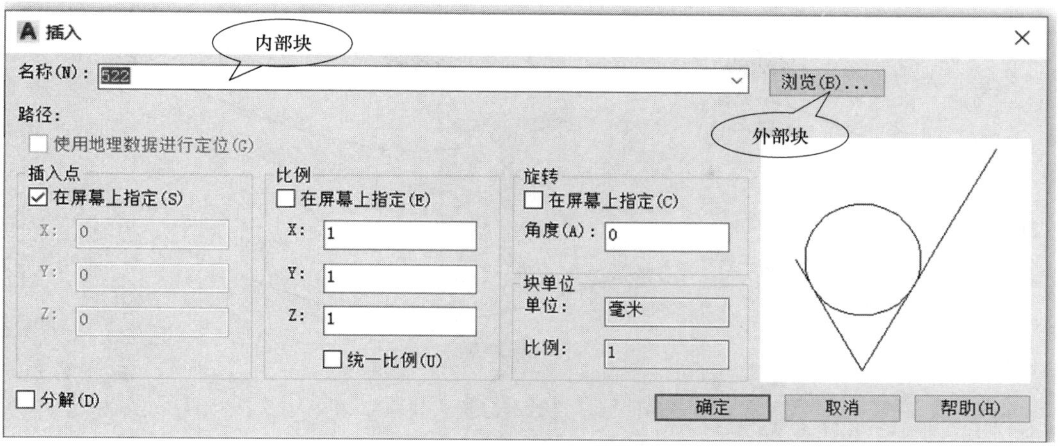

图 7-3　插入块

以在对话框中更改或勾选"在屏幕上指定"，然后通过命令行设置整体缩放比例。"旋转"选项中，如果旋转角度不固定的话可以勾选对话框"在屏幕上指定"选项，如果是固定的旋转角度可在对话框中输入。如果插入块后不想保留块，可在对话框中勾选"分解"选项，勾选该选项后无法按照块编辑方式对其进行编辑。

（2）以定数等分的形式插入块

调用命令：在命令行输入 Divide 并回车或在下拉式菜单点击"绘图"/"点"/"定数等分"。

先输入定数等分点命令，以定数等分的方式插入块，将块按一定的数量插入到等分点上。

例如，要将图 7-4（a）中的三角旗插入到图 7-4（b），得到图 7-4（c），块的名称为"三角旗"（插入前需自己定义块名），命令行的提示如下：

命令：DIV　DIVIDE（调用定数等分命令）

选择要定数等分的对象：［选择图 7-5(b)曲线］

输入线段数目或［块(B)］*：b*（选择"块"选项）

输入要插入的块名：三角旗（输入块名称）

是否对齐块和对象？［是(Y)/否(N)］＜Y＞*：*（确定插入的块是否和对象对齐）

输入线段数目：8（输入等分数量）

（3）以定距等分方式插入块

调用命令：在命令行输入 Measure 并回车或在下拉式菜单点击"绘图"/"点"/"定距等分"。

以定距等分方式插入块的方法和以定数等分方式插入块的方法类似，如图 7-5 所示，将图 7-5（a）插入到图 7-5（b）中，要求从左向右插入，等距距离为 50，命令行的操作提示如下：

命令：MEASURE（调用定距等分命令）

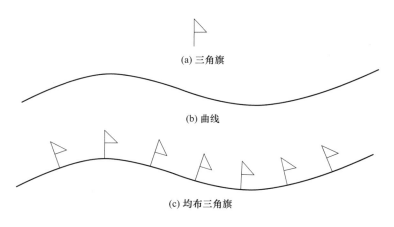

(a) 三角旗

(b) 曲线

(c) 均布三角旗

图 7-4 定数等分插入块

选择要定距等分的对象:[选择图 7-5(b)曲线]

指定线段长度或[块(B)]:b(选择"块"选项)

输入要插入的块名:风车(输入块名称)

是否对齐块和对象?[是(Y)/否(N)]<Y>:n(确定块的对齐方式)

指定线段长度:50(确定定距长)

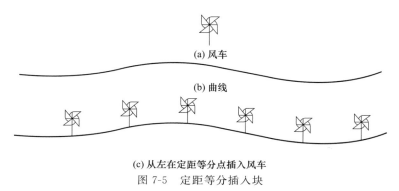

(a) 风车

(b) 曲线

(c) 从左在定距等分点插入风车

图 7-5 定距等分插入块

7.1.3 "块"的分解

由于块是一个整体,可以进行整体的缩放操作,无法对块进行修剪等操作,如果想要进行修剪操作,可以将块分解。分解块有两种操作:一种是在图 7-3 中,在插入块时勾选"分解"选项,这时插入的块会被分解成源对象;另一种是使用"分解 Explode"命令,将块分解成独立的个体。除非特别需要,不建议插入时分解块,因为分解后将失去块的属性,无法进行块编辑。

7.1.4 "块"属性

块属性是块中附着的非图形信息,是块的组成部分,块属性包含组成块的名称、对象及各种注释信息。在绘制机械零件图时经常用到的表面粗糙度，通常用带属性的块来完成。带属性的块称为属性块。

调用"属性定义"命令：在命令行输入 Attdef（ATT）并回车或在下拉式菜单点击"绘图"/"块"/"定义属性（D）…"。

调用块属性命令后，在弹出的对话框（图 7-6）中可以设置的属性"模式"选项：

① "不可见"表示属性在图中不显示，也不打印属性；

② "固定"表示在插入块时赋予属性固定值不变；

③ "验证"表示插入块时在命令行会提示验证属性值是否正确；

④ "预设"表示预先设定属性值为默认值；

⑤ "锁定位置"表示属性值的位置为固定位置；

⑥ "多行"表示属性值是多行文字，选定后需指定边界宽度。

在图 7-6 "属性定义"对话框中设置"属性"的选项如下：

① "标记"标识图形中每次出现的属性，使用任何字符组合（空格除外）都可输入属性标记；

② "提示"指在插入包含指定属性定义的块时显示的提示，如果不输入提示，属性标记将用作提示；

③ "默认"指定默认属性值。

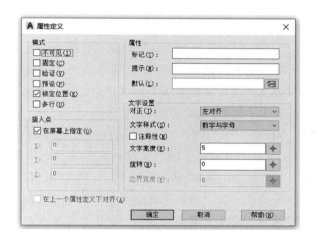

图 7-6 属性定义对话框

7.1.5 绘图实例

在图 7-7（a）所示的各个表面按照要求插入表面粗糙度符号和值，所有表面的粗糙度均为去除材料的方法获得，每一表面粗糙度值如下：

① A 面：$Ra0.8\mu m$；

② B 面：$Ra0.8\mu m$；

③ C 面：$Ra1.6\mu m$；

④ D 面：$Ra12.5\mu m$；

⑤ E 面：$Ra1.6\mu m$；

⑥ F 面：$Ra0.8\mu m$；

⑦ G 面：$Ra0.8\mu m$；

⑧ H 面：$Ra12.5\mu m$。

标注时，先将表面粗糙度符号做成带属性的块，然后通过块插入各个位置的表面粗糙度的符号和粗糙度的值，相邻表面、粗糙度值相同、加工方法相同时可使用共同引线标注，标注的引线通过引线设置，具体过程如下：

① 通过绘制正六边形来绘制表面粗糙度符号，如图 7-7（c）所示，正六边形对边距离 10。

② 在正六边形中绘制用去除材料方法获得的表面粗糙度的符号，上端的横线长度要保证大于在其下面标注的粗糙度数值，如图 7-7（d）所示，画完粗糙度符号后将正六边形删除。

③ 在粗糙度符号下，用单行文字或多行文字输入粗糙度符号"Ra"，字体大小为 3.5，位置如图 7-7（e）所示。

④ 通过在命令行输入"att"命令，调用"定义属性"命令，在弹出的对话框［图 7-7（f）］中输入相关内容，然后点击"确认"按钮，在图 7-7（e）中"Ra"的后面适当位置（大概空一格字符的距离）定义属性。

⑤ 在命令行输入"b"并回车，调用"块"命令，在弹出的对话框中输入块的名称为"用去除材料的方法获得的表面粗糙度符号"，选择块插入的基点为图 7-7（e）符号中三角形的顶点，选择的生产块的对象为图 7-7（e）中的所有对象，在弹出的对话框中点击"确认"按钮，得到图 7-7（g）所示的属性块。

⑥ 在下拉式菜单"格式"中，选择"多重引线样式"，在弹出的对话框中新建一个"箭头引线"样式名，在后续的对话框中的"引线格式"选项卡中设置"箭头"为"实心闭合"，"大小"为"3.5"。在"引线结构"选项卡"基线设置"中，"设置基线"中不勾选"自动包含引线"选项。在"内容"选项卡中，设置"多重引线类型"为"无"，完成多重引线样式设置后将该样式"置为当前"，关闭"多重样式"设置对话框。在下拉式菜单"标注"中选择"多重引线"，绘制图 7-7（b）中的六条箭头引线，并按图中样式绘制水平引线。

⑦ 调用插入块命令，在弹出的对话框中选择"用去除材料的方法获得的表面粗糙度"，"插入点"和"旋转角度"选择"在屏幕上指定"，分别在图 7-7（b）所示的各个位置插入相应的表面粗糙度。

7.1.6 "块"编辑

在 AutoCAD 中双击块，将打开"增强属性编辑器"对话框，如图 7-8（a）所示，在该对话框中通过"属性"选项卡可以重新编辑块的属性值，通过"文字选项"选项卡

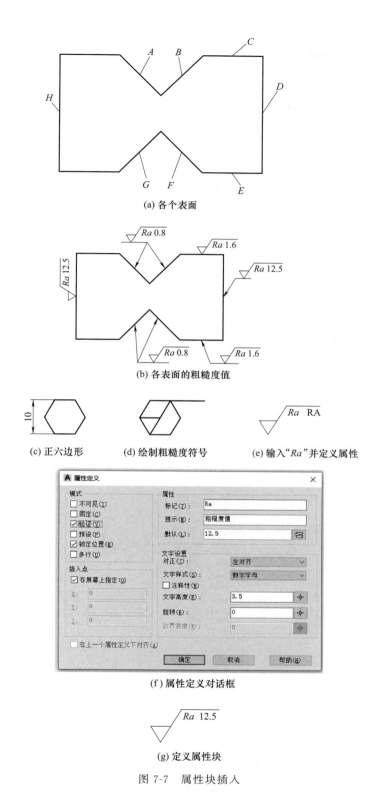

(a) 各个表面

(b) 各表面的粗糙度值

(c) 正六边形　　　(d) 绘制粗糙度符号　　　(e) 输入"Ra"并定义属性

(f) 属性定义对话框

(g) 定义属性块

图 7-7　属性块插入

可以修改文字样式、对齐方式和字高，通过"特性"选项卡可以修改属性所在的图层、颜色、线型和线宽。

对图 7-8（b）属性块按照图 7-8（a）所示的要求修改属性后，其结果如图 7-8（c）所示，修改属性非常方便。

如果要修改块的组成，可以单击块，然后右击鼠标，在图 7-9（a）快捷菜单中选择"块编辑器"，可打开图 7-9（b）所示的"块编辑器"对话框，该对话框为灰色显示，编辑完成后点击右上角"关闭编辑器"按钮，接受块编辑结果，退出块编辑器。

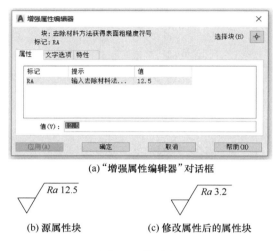

(a)"增强属性编辑器"对话框

(b) 源属性块　　　　　　　　(c) 修改属性后的属性块

图 7-8　块编辑

(a) 块编辑器快捷菜单

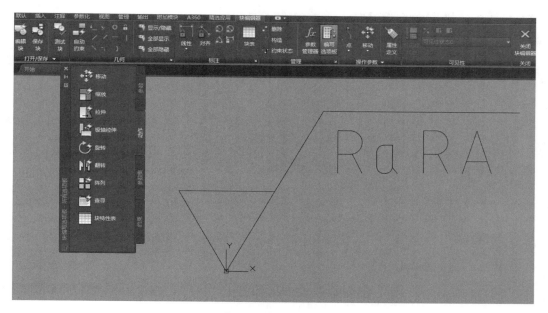

(b)"块编辑器"对话框

图 7-9　块编辑器

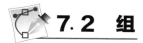 **7.2　组**

组是一种图形集合，同块一样，组也是一个整体对象，但与块不同的是，组更易于编辑。对于块来说，如果没有分解或打开块编辑器，块是无法进行修改的，但组就没有这个限制。在编组状态下，可以使用绝大部分编辑工具直接对组中的对象进行编辑而无须将其分解。

7.2.1　"组"命令（Group）

调用"组"命令：在命令行输入 Group（G）并回车或在下拉式菜单点击"工具"/"组"，或在"默认"面板中选择"组"，或在"组"工具条中点击"■"

在图 7-10 中，将图 7-10（a）创建成"组"，结果如图 7-10（b）所示，命令行的操作提示如下：

命令：G　GROUP（输入组命令）

选择对象或［名称(N)/说明(D)］：N（输入"名称"选项）

输入编组名或［?］：零件序号（输入"组"名称，该选项也可以不输入"组"名）

选择对象或［名称(N)/说明(D)］：指定对角点：找到 2 个（如果不输入"说明"，则直

接选择生成组的对象）

选择对象或［名称（N）/说明（D）］：（回车）

组"零件序号"已创建。［组选中后只显示一个基点,如图7-10(b)］

(a) 用于创建"组"的对象　　(b) 创建的"组"

图 7-10　组

7.2.2　"组"编辑

通过组编辑，可以向组中增加对象或从组中删除对象。

调用"组编辑"命令：在命令行输入 GROUPEDIT 并回车或在"默认"选项卡的"组"面板点击"▇▋"图标按钮。

如将图 7-11（a）中组编辑为图 7-11（b），命令行的操作提示如下：

命令：_groupedit(调用"组编辑"命令)

输入选项［添加对象（A）/删除对象（R）/重命名（REN）］：r(选择"删除对象"选项并回车) 选择要从编组中删除的对象...

删除对象：找到 1 个,删除 1 个(点选删除的对象)

删除对象：找到 1 个,删除 1 个(点选删除的对象),总计 2 个

删除对象：［回车,得到图 7-11(b)］

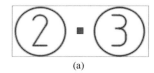

(a)　　　　　　　(b)

图 7-11　组编辑

添加"组"对象的方法与删除"组"对象操作方法相同。

通过快捷特性可以编辑对象特性，还可以进行编辑文字等操作。在图 7-12 中，通过对图 7-12（a）源对象"组"进行编辑得到图 7-12（b）所示的目标对象"组"，操作过程如下：

① 双击图 7-12（a）组对象，弹出图 7-12（c）所示的快捷特性对话框，可以看出该组共有两种类型的对象，一种是"圆（1）"，另一种是"多行文字（1）"；

② 在图 7-12（c）中选择"圆（1）"进入图 7-12（d）对话框，在其中选择改变圆的"图层"为"粗实线"层，其余不变；

③ 在图 7-12 （c）中选择"多行文字（1）"，进入图 7-12 （e）对话框，选择"内容"右侧的按钮，进入文字编辑框，将原文字"2"改为"3"，退出对话框即得到图 7-12 （b）。

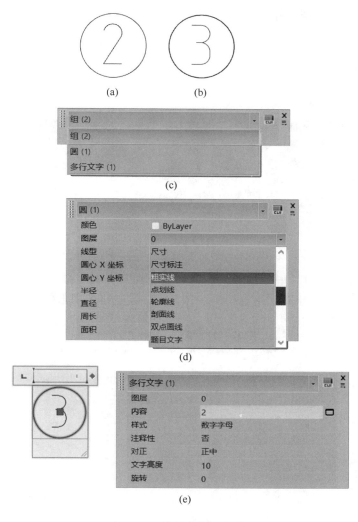

图 7-12　快捷编辑组操作

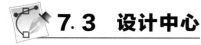

7.3　设计中心

AutoCAD 设计中心（AutoCAD Design Center）为用户提供了高效的绘图工具，与资源管理器类似。通过设计中心可以完成以下工作：

① 根据不同的查询条件在本地计算机和网络中查找图形文件，找到图形文件后可以将图形文件直接加载到绘图区域或设计中心；

② 查看块、图层及其他图形文件的定义并将图像定义插入到当前图形文件中；

③ 通过设计中心查看图形文件的相关信息和预览图形。

7.3.1　打开"设计中心"

调用"设计中心"命令：在命令行输入 adc 并回车或在下拉式菜单点击"工具"/"选项板"/"设计中心"或按"Ctrl＋2"组合键或在图 7-13 中"插入"选项卡点击"设计中心"。

图 7-13　设计中心

在弹出的图 7-14 设计中心选项板中，可以看到文件夹、打开的图形和历史记录三个选项卡，在每一选项卡下对应树形结构图，右侧是选定的图形中的项目列表，列表下方是预览窗口和说明窗口。

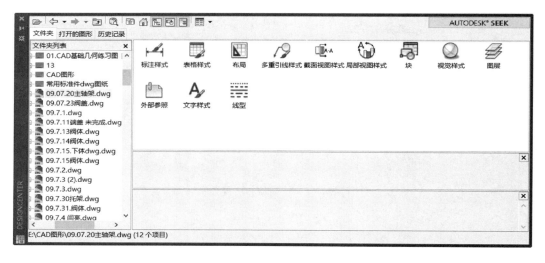

图 7-14　设计中心选项板

7.3.2　"设计中心"的图形管理

在图 7-14 中点击搜索按钮，可以在图 7-15 所示的对话框中按照指定路径搜索图形文件，并通过双击搜索到的文件，将该文件添加到设计中心。在设计中心的文件被选中

中文版AutoCAD 2018二维绘图技术

后其文件中包含的项目在项目列表中显示，凡是在项目列表中的项目，可以通过选中并拖到当前文件的绘图区域，包括文件中的图块、图层、文字样式、尺寸标注样式等，如图 7-16 所示。

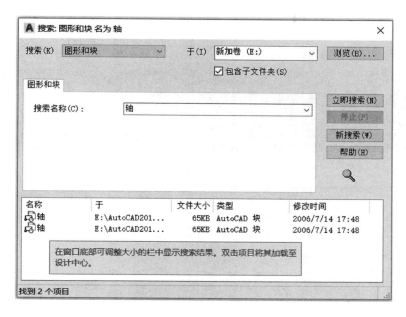

图 7-15　搜索对话框

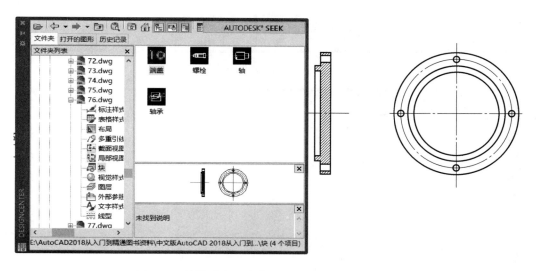

图 7-16　从设计中心在当前文件中插入端盖零件块

7.3.3　绘图实例

比如利用"吊钩尺寸标注"图形文件的绘图环境，创建一个新的绘图环境，步骤如下：

① 新建一个空白文件，打开 CAD 样板文件 "ISOCAD. dwt"，关闭栅格，并用 ZOOM 命令缩放为全屏显示，可以看到该文件的绘图环境都是默认状态，如图 7-17（a）所示。

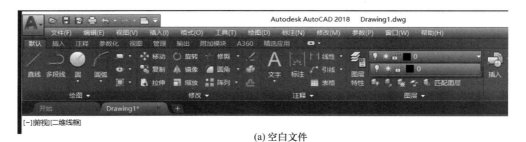

(a) 空白文件

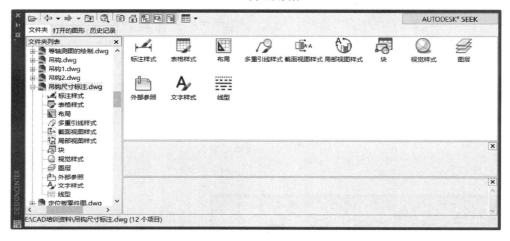

(b) 打开"设计中心"

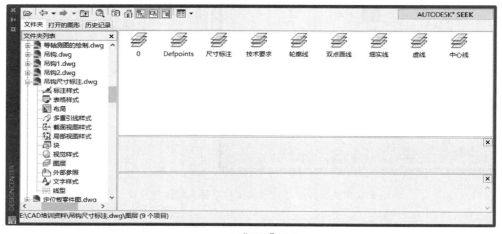

(c) "图层"项目

中文版 AutoCAD 2018 二维绘图技术

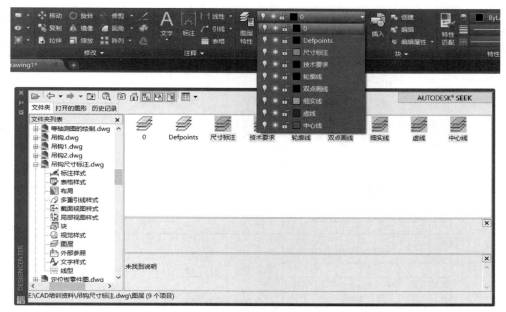

(d) 完成"图层"加载

图 7-17　设计中心

② 在设计中心打开"吊钩尺寸标注"文件，如图 7-17（b）所示，从项目列表可见，该文件中包含标注样式、图层、块、文字样式、线型、多重引线样式等项目，根据需要，将标注样式、图层、文字样式、线型和多重引线样式加载到新文件的绘图环境中。

③ 将"图层"项目插入到当前文件，双击"图层"项目，在项目列表中显示的结果如图 7-17（c）所示，源文件中现有的"图层"共有 9 个，目标文件中"图层"0 已经存在，"图层"Defpoints 为参考点图层，无需加载到新文件中，所以只要将剩余的 7 个"图层"加载到新文件中即可，用鼠标选择这 7 个"图层"并拖动鼠标到目标文件的绘图区域并释放，7 个"图层"就会加载到新文件中，在图 7-17（d）中从"图层"特性右侧的箭头中可以查看已经加载的"图层"名称。

④ 用同样的方法加载文字样式、尺寸标注样式等项目到新文件中，所有项目加载完成后关闭设计中心对话框，即完成新文件的绘图环境的设置。

用设计中心设置绘图环境，对于多人协同绘图统一绘图环境，既能保证文件的统一性，又能提高绘图的效率。

本 章 小 结

本章介绍块与块编辑、组与组编辑和设计中心，在绘图时为了提高绘图的效率和统一性，经常会用到这些 CAD 功能。

训 练 提 高

1. 按照图 7-18 所示尺寸绘制标题栏，并做成带属性块。标题栏中固定内容的文字用长仿宋体字，字高 3.5。其他字体和字高，按照说明选用。属性块名称：标题栏。

① 设计者姓名　　　长仿宋体　　　　3.5 号字　　　　文字正中放置
② 绘图日期　　　　gbenor.shx　　　3.5 号字　　　　文字正中放置
③ 材料代号　　　　gbenor.shx　　　7 号字　　　　　文字正中放置
④ 绘图比例　　　　gbenor.shx　　　3.5 号字　　　　文字正中放置
⑤ 第几张图纸　　　gbenor.shx　　　3.5 号字　　　　文字正中放置
⑥ 共几张图纸　　　gbenor.shx　　　3.5 号字　　　　文字正中放置
⑦ 单位名称　　　　长仿宋体　　　　7 号字　　　　　文字布满放置
⑧ 图纸名称　　　　长仿宋体　　　　7 号字　　　　　文字正中放置
⑨ 图纸编号　　　　gbenor.shx　　　5 号字　　　　　文字正中放置

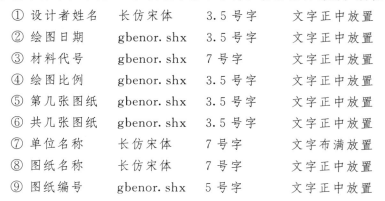

图 7-18　国标推荐标题栏

2. 按照图 7-19（a）所示尺寸制作粗糙度属性块，块名为"去除材料表面粗糙度符号"。按照图 7-19（b）所示的尺寸绘图并在图中插入表面粗糙度属性块。

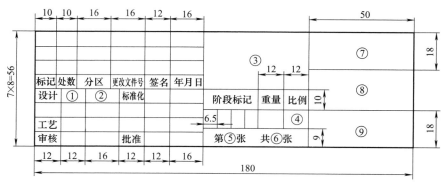

(a) 粗糙度尺寸

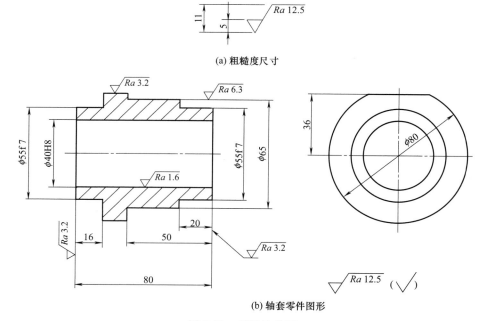

(b) 轴套零件图形

图 7-19　属性块绘图

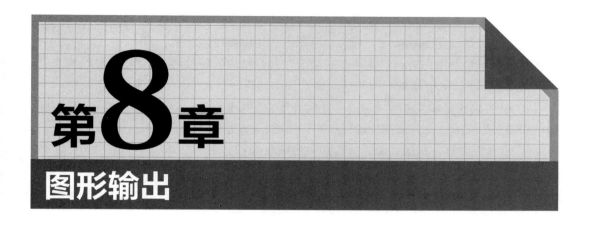

第8章

图形输出

绘图完成后，通常用打印机将图纸打印出来，打印图纸时还需对打印机进行必要的设置，以满足打印要求。图形绘制完成后，很多的细节需要处理，才能保证打印出满意的图纸，如图幅的选择、标题栏的填写、"图层"对象的检查等等。

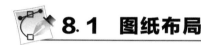 **8.1　图纸布局**

8.1.1　模型空间与布局空间

模型空间和布局空间是 AutoCAD 的两个工作空间，通过这两个空间可以设置打印效果，其中通过布局空间的打印方式比较方便快捷。在 AutoCAD 中，模型空间用于绘制图形，可以展示三维方向的图形结构，通常都是按照 1∶1 的比例绘图。布局空间用于打印图纸时对图纸的编排，可以使用不同的比例显示视图。模型空间和布局空间如图 8-1 所示，高亮显示的为"当前空间"。布局默认有两个，如果"新建"布局，用鼠标左键点击如图 8-1 所示的"布局 2"右侧的"＋"，根据提示进行创建。

图 8-1　模型空间和布局空间

8.1.2　创建布局

图纸空间是用于图形布局的工具，它模拟创建一张具有打印尺寸的打印纸，并在其上面安排视图，布局为用户提供了一种可视化的环境，让用户知道图形打印出来将会是什么样子，通过创建多种布局，可对一个图形创建多种打印比例。

布局向导帮助用户进行创建"新布局"，用户可以按照提示完成"新布局"的创建，下面以创建 A3 横向打印图纸的布局为例，说明创建新布局的操作过程。

① 在下拉式菜单点击"工具"/"向导"/"创建布局"，打开"创建布局"对话框，如图 8-2 所示，在对话框中输入新布局名称"A3"。

② 设置打印机：在图 8-3 中设置打印机或绘图仪的名称，本例中选择"DWG TO PDF. pc3"，将图纸打印成 A3 大小 PDF 文件。

③ 设置图纸大小：根据图纸的复杂程度，合理选择图纸幅面，在图 8-4 对话框中，选择 A3 图纸幅面。

④ 设置图纸方向：即横向放置图纸或竖向放置图纸，本例在图 8-5 中选择"横向"。

⑤ 定义标题栏：可从外部插入带属性标题栏块，或单独绘制标题栏。本例选择"无"，进入下一步。

⑥ 定义视口比例：如图 8-6 所示，本例定义为"1∶1"，单一视口。

图 8-2　布局向导对话框

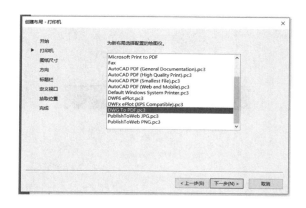

图 8-3　打印机设置

中文版 AutoCAD 2018 二维绘图技术

图 8-4　图纸大小设置

图 8-5　设置图纸方向

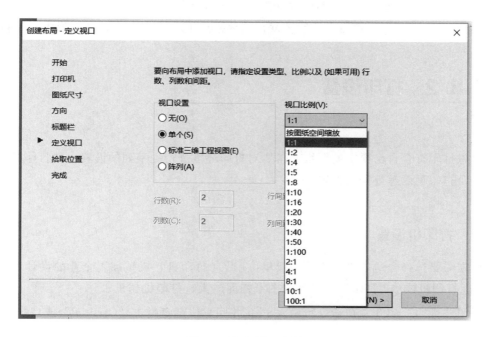

图 8-6　定义视口比例

⑦ 拾取"视口"位置，定义窗口对角点，左下角"10，10"，右上角"410，277"（不带装订边），如果带装订边，A3 图幅的视口定义为左下角"25，5"，右上角"415，292"。

⑧ 设置好"视口"的 A3 布局如图 8-7 所示。

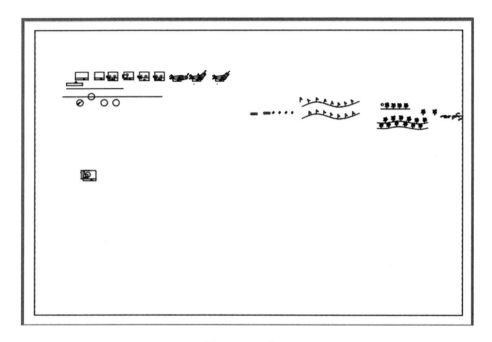

图 8-7　A3 布局

⑨ 绘制 A3 图幅和图框，不留装订边。用矩形命令绘制 A3 图幅，左下角"0，0"，右上角"420，297"；偏移命令绘制图框，偏移距离 10，选择矩形，向矩形内部偏移。

 8.2　打印设置

要想打印符合自己要求的图纸，需要对打印环境进行一系列的设置，如打印机、打印样式及打印页面等等参数设置。

8.2.1　打印机设置

根据需要选择合适的打印机，一般单位用 A4 打印机，机械加工企业的设计室通常使用 A3 打印机或 A0 打印机，打印的图纸幅面越大，打印机越贵。

调用"打印"命令：在命令行输入 Plot 并回车或键盘敲击"Ctrl＋P"或点击"🖨"图标。

调用打印命令回车后，弹出图 8-8 对话框，如果单张打印，选择"继续打印单张图纸"，如果批量打印，则选择"尝试批量打印"，选择完成后会弹出图 8-9 对话框，在该对话框中选择已有的打印设备，在布局空间打印图纸时，选择的打印设备名称的后缀为"．pc3"。该类文件可提供附加的绘图仪设备校准信息，本布局选择的打印机为"HP LaserJet Professional P1108．pc3"，在模型空间打印时，选择的打印机名称则为"HP LaserJet Professional P1108"，为普通打印机。

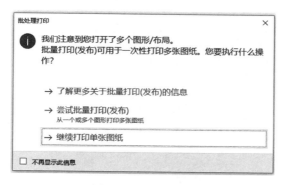

图 8-8　打印对话框

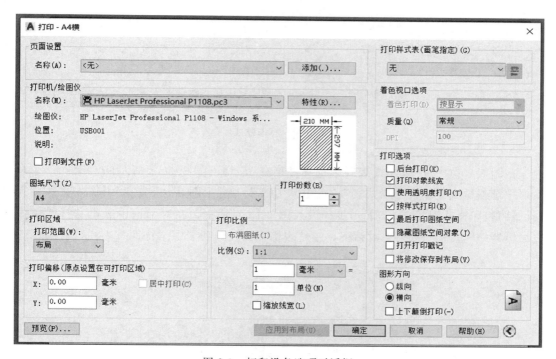

图 8-9　打印设备选项对话框

8.2.2　打印样式

打印样式是一种对象特性，就像图层、线型、线宽、颜色一样，打印样式决定了对象如何打印出来，它的功能是覆盖对象的原始特性。打印样式包含一组特性，如颜色的相关性、图线的特性等，可以进行选择，如果没有选择打印样式，对象将根据自己的特性简单地打印。

打印样式对话框在图 8-10 中所示的位置。用户可以在打印样式表中选择打印样式或"新建"自己的打印样式，下面举例说明打印样式的设置过程。

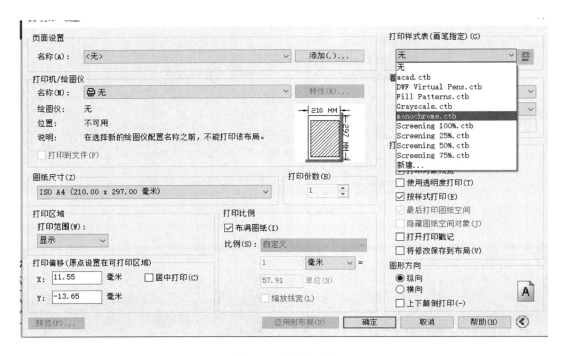

图 8-10　打印样式

在图 8-10 的"打印样式表"中选择"新建"，弹出如图 8-11 所示的对话框，在对话框中选择"创建新打印样式表"，点击"下一步"进入图 8-12，在图中输入文件名为"机械图打印样式"，点击"下一步"进入图 8-13 对话框，在对话框中点击"打印样式表编辑器…"，进入图 8-14 对话框，在"表格视图"选项卡中"特性"一栏，将颜色选

图 8-11　创建新打印样式表

图 8-12　输入新打印样式表名称

图 8-13　打开打印样式编辑器对话框

为"黑色"，其余不变，点击"保存并关闭"完成新建打印样式的设置。因为一般的机械图纸常常打印成黑白图纸，所以将颜色设置为黑色后，不管绘图时图线时什么颜色，打印时都是按照黑色打印。

图 8-14　打印样式表编辑器

8.2.3 页面设置

打印图纸时，常常根据图形的复杂程度和现有的打印设备来确定图幅的大小，页面设置可以通过图 8-15（a），在布局界面右击鼠标，点击"页面设置管理器…"，弹出图 8-15（b）"页面设置"对话框，在"图纸尺寸"栏，根据需要选择图纸大小。

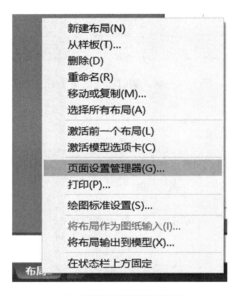

(a) 打开页面设置管理器界面

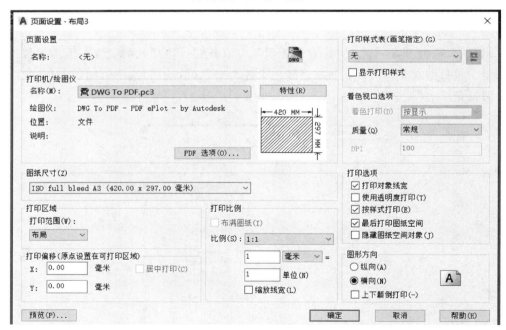

(b) 页面设置对话框

图 8-15　打印页面设置

中文版 AutoCAD 2018 二维绘图技术

8.2.4　打印

　　所有打印环境都设置完成后，要打印图纸，只要点击打印图标或按"Ctrl"＋"P"即可打印图纸。

8.3　在模型空间打印图纸

　　打印图纸也可以直接在模型空间进行，打印机的设置和在布局空间打印图纸方法一致，打印机名称为普通 Word 文档打印机，如图 8-16 所示，在模型空间打印图纸时选择的打印机是"HP LaserJet Professional P1108"，而不是选择"HP LaserJet Professional P1108. pc3"绘图仪。

　　"打印区域"通常选择如图 8-17 所示的"窗口"，用定义矩形对角点的尺寸来确定打印的范围；"打印偏移"选项中通常勾选"居中打印"；"着色视口选项"中的"着色打印"选择"灰度"，"质量"设置为"最高"，这样就会在打印时，所有"图层"的颜色均改变为黑色；"打印比例"选项中，如果对图纸没有严格的比例限制，通常选择"布满图纸"选项，如果有严格的比例要求，则去掉"布满图纸"前的"√"，然后在"比例"中选择相应的比例或自定义比例值；"图形方向"选项中，选择纵向或横向打印图纸；如果找不到"图形方向""着色视口选项"，请在图 8-17 的右下角点开"〈"，完成设置后按"确定"按钮打印图纸。

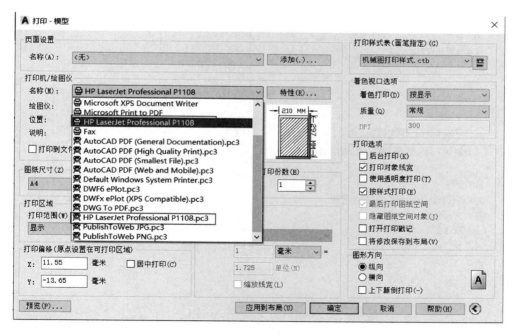

图 8-16　模型空间打印时打印机选择

在模型空间打印图纸时，要注意图形被缩放的情况，然后根据图形缩放情况，在标注样式中调整"全局比例"值，如图 8-18 所示，使得打印出来的图纸中的尺寸标注字体符合国家制图标准要求。

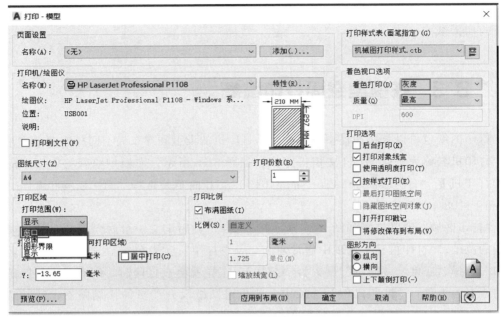

图 8-17　打印样式设置

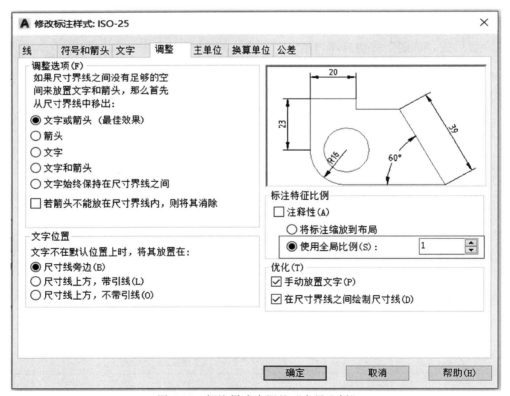

图 8-18　标注样式中调整"全局比例"

中文版 AutoCAD 2018 二维绘图技术

另外，在模型空间打印时经常会对图框和标题栏进行缩放，为了得到符合国标要求的图框和标题栏，需要设置好图框和标题栏后对它们进行整体缩放，然后将图形移至图框中，进行图纸打印。

本 章 小 结

本章主要介绍布局的用途以及设置方法、在布局中打印图纸的环境设置和图纸打印方法，实际工作中也有在模型空间打印图纸的，但是在模型空间打印图纸时，绘图比例不好控制，往往是按照整个图形进行缩放，这时打印出来的图纸中标题栏都等比例缩放了，实际是不符合制图规则的。

训 练 提 高

1. 设置新布局，名称为"A3横"。图幅A3，在布局中绘制图框，插入国标推荐的标题栏，不带装订边，图框边距10，视口与图框重合，设置完成的布局如图8-19所示。

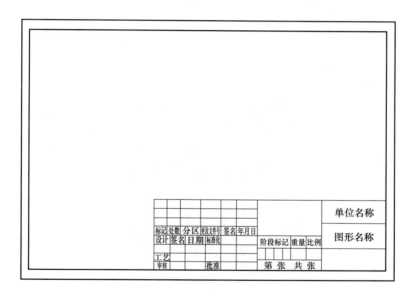

图 8-19　A3 横布局

2. 设置新布局，名称为"A4 竖"。图幅 A4，在布局中插入国标推荐的标题栏，带装订边，图框边距分别是带装订边一侧 25，另外三边 5，视口与图框重合，设置完成的布局如图 8-20 所示。

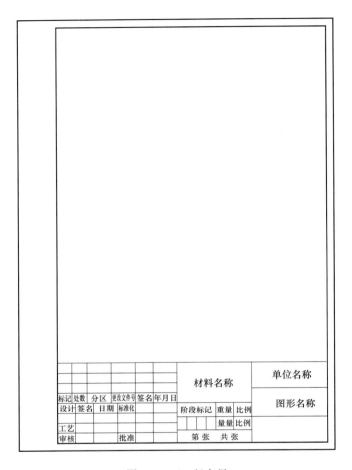

图 8-20　A4 竖布局

第**9**章

图形信息查询

通过 AutoCAD 软件可以查询图形的各种信息，包括每个图形对象的详细信息、图形总体信息。

9.1 "图形"级信息

9.1.1 查询"状态"命令 Status

调用"状态"命令：在命令行输入"Status"并回车或在下拉式菜单点击"工具"/"查询"/"状态"。

在 CAD 中使用"状态（Status）"命令可以查询当前图形的基本信息，如图 9-1 所示，在图中可以查询到图形界限、模型空间使用范围、当前线型、当前颜色、可用磁盘空间等等信息。

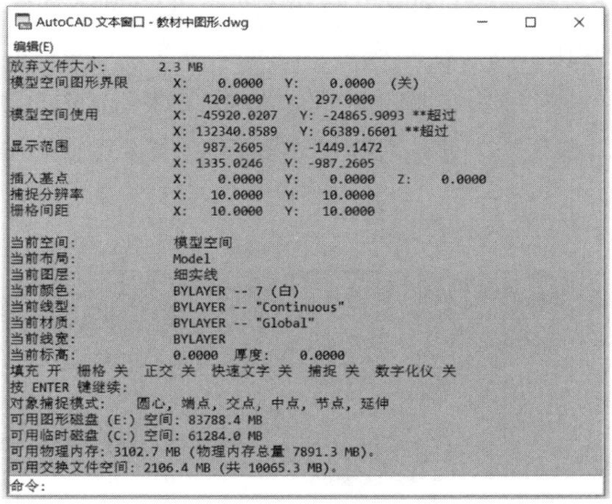

图 9-1 AutoCAD 文本窗口

9.1.2 查询"系统变量"命令 Setvar

调用"系统变量"命令：在命令行输入"Setvar"并回车或在下拉式菜单点击"工具"/"查询"/"设置变量（Setvar）"。

要了解系统变量的设置，可使用"设置变量（Setvar）"，该命令提供所有系统变量设置列表，调用命令后，在接下来的提示中输入要查询的系统变量的变量名，如果不知道变量名，可以输入"?"并回车确认进行查询，如图 9-2 所示。由于系统变量很多，可以通过按"enter"键进行翻页查询。

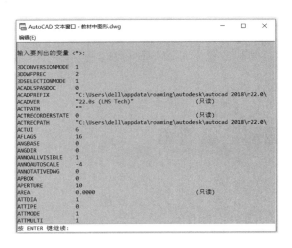

图 9-2　系统变量查询

9.1.3 查询"时间"命令 Time

调用"时间"命令：在命令行输入"Time"并回车或在下拉式菜单点击"工具"/"查询"/"时间"。

该命令用于查询绘制图形所花费的时间，包括文件创建时间、累积编辑时间、消耗时间等信息，如图 9-3 所示。时间查询为核定绘图工作量提供依据。

图 9-3　查询时间

中文版 AutoCAD 2018 二维绘图技术

9.2 "对象"级信息查询

9.2.1 查询"列表"命令 List

调用"列表"命令：在命令行输入"List"并回车或在下拉式菜单点击"工具"/"查询"/"列表"。

该命令用于查询某个对象的信息，选择不同的对象显示不同的信息，如图 9-4所示。

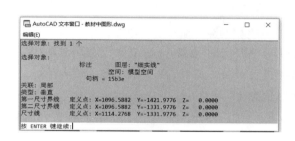

图 9-4　图形对象信息查询

9.2.2 查询"点坐标"命令 ID

调用"点坐标"命令：在命令行输入"ID"并回车或在下拉式菜单点击"工具"/"查询"/"点坐标"。

该命令用于查询某个点的坐标值，输入命令后，命令行提示输入某点，选定某点后在命令行会显示该点的坐标值。

9.2.3 查询"距离、半径、角度和面积"命令 Measuregeom

调用命令：在命令行输入"Measuregeom"并回车，或在下拉式菜单点击"工具"/"查询"/"距离/半径/角度/面积"。

该命令用于查询两点之间的距离、图形的面积与周长、线段间的角度等信息。

（1）查询两点的距离

只要根据提示选择两个点即可查询两点间的距离信息，如查询图 9-5 所示两点的距离信息，命令行的提示如下：

命令：*MEA（MEASUREGEOM）*

输入选项 *［距离（D）/半径（R）/角度（A）/面积（AR）/体积（V）］＜距离＞：*

图 9-5　查询两点的距离信息

指定第一点：

指定第二个点或 [多个点(M)]：

距离＝64.6894,XY 平面中的倾角＝33, 与 XY 平面的夹角＝0

X 增量＝54.3052, Y 增量＝35.1520, Z 增量＝0.0000

(2)查询圆弧"半径"信息

命令：MEA(MEASUREGEOM)

输入选项 [距离(D)/半径(R)/角度(A)/面积(AR)/体积(V)] ＜距离＞：(选择"半径"选项,然后选择需要查询的圆或圆弧,即可查询圆弧的半径)

（3）查询"角度"信息

在命令行输入"MEA"或"MEASUREGEOM",在提示输入选项时选择"角度"选项。

如查询图 9-6 所示图形的角度,命令行的提示如下：

图 9-6　角度信息查询

命令：_MEASUREGEOM

输入选项 [距离(D)/半径(R)/角度(A)/面积(AR)/体积(V)] ＜距离＞：_angle

选择圆弧、圆、直线或 ＜指定顶点＞：(指定角度顶点位置)

指定角的顶点：

指定角的第一个端点：

指定角的第二个端点：

角度＝60°

该命令也可以查询圆弧的圆心角的大小。

（4）查询"面积"信息

在命令行输入"MEA"或"MEASUREGEOM",在提示输入选项时选择"面积"选项。

如图 9-7 所示，要查询图 9-7（a）的面积，该图形外面是四边形，里面是圆，图形的面积是四边形的面积减去圆的面积，命令行的操作提示如下：

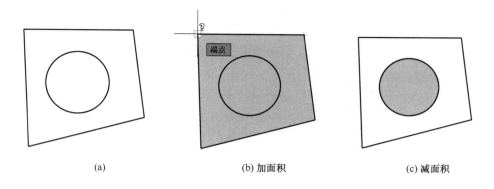

(a)　　　　　　　　(b) 加面积　　　　　　　(c) 减面积

图 9-7　查询面积

命令：_MEASUREGEOM

输入选项 [距离(D)/半径(R)/角度(A)/面积(AR)/体积(V)] <距离>：_area(输入面积选项)

指定第一个角点或 [对象(O)/增加面积(A)/减少面积(S)/退出(X)] <对象(O)>：a(增加面积,即确定四边形面积)

指定第一个角点或 [对象(O)/减少面积(S)/退出(X)]：(捕捉四边形左下角点)

("加"模式)指定下一个点或 [圆弧(A)/长度(L)/放弃(U)]：(捕捉四边形右下角点)

("加"模式)指定下一个点或 [圆弧(A)/长度(L)/放弃(U)]：(捕捉四边形右上角点)

("加"模式)指定下一个点或 [圆弧(A)/长度(L)/放弃(U)/总计(T)] <总计>：(捕捉四边形左上角点)

("加"模式)指定下一个点或 [圆弧(A)/长度(L)/放弃(U)/总计(T)] <总计>：

区域＝4815.5698,周长＝279.3483(得到四边形的面积和周长)

总面积＝4815.5698

指定第一个角点或 [对象(O)/减少面积(S)/退出(X)]：s(计算减掉的图形面积,先输入减少面积选项)

指定第一个角点或 [对象(O)/增加面积(A)/退出(X)]：O(输入对象选项)

("减"模式)选择对象：(选择圆)

区域＝1287.6695,圆周长＝127.2059(得到圆的面积和周长)

总面积＝3527.9004(得到图形总面积)

如果查询图 9-8 所示图形面积，命令行的提示如下：

命令：_MEASUREGEOM

输入选项 [距离(D)/半径(R)/角度(A)/面积(AR)/体积(V)] <距离>：_area

指定第一个角点或 [对象(O)/增加面积(A)/减少面积(S)/退出(X)] <对象(O)>：A(输入增加面积选项)

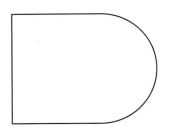

图 9-8　查询面积信息

指定第一个角点或［对象(O)/减少面积(S)/退出(X)］:(捕捉图形左下角点)

("加"模式)指定下一个点或［圆弧(A)/长度(L)/放弃(U)］:(捕捉直线与圆弧的切点)

("加"模式)指定下一个点或［圆弧(A)/长度(L)/放弃(U)］:A(输入圆弧选项)

指定圆弧的端点(按住 Ctrl 键以切换方向)或(捕捉圆弧端点,即图形上面横线与圆弧的切点)

［角度(A)/圆心(CE)/闭合(CL)/方向(D)/直线(L)/半径(R)/第二个点(S)/放弃(U)］:

指定圆弧的端点(按住 Ctrl 键以切换方向)或

［角度(A)/圆心(CE)/闭合(CL)/方向(D)/直线(L)/半径(R)/第二个点(S)/放弃(U)］:L(输入直线选项)

("加"模式)指定下一个点或［圆弧(A)/长度(L)/放弃(U)/总计(T)］＜总计＞:(捕捉图形上面直线的左端点)

("加"模式)指定下一个点或［圆弧(A)/长度(L)/放弃(U)/总计(T)］＜总计＞:(捕捉图形左下角点)

区域＝6643.0837,周长＝311.3921(得到面积和周长)

总面积＝6643.0837

如查询如图 9-9 所示曲边图形的面积,用上面的方法无法直接查询,必须先将要查询面积的图形合并成一个块或生成面域,然后通过面积查询得到其面积信息。

图 9-9　查询曲边图形面积信息

① 通过合并命令,将封闭图线合并成一个整体,再查询面积。

命令调用:在命令行输入 jion (j) 并回车或在下拉式菜单点击"修改"/"合并"。

合并图 9-9 所示轮廓，命令行提示如下：

命令：_join(调用合并命令)

选择源对象或要一次合并的多个对象：找到 1 个(选择一条线段)

选择要合并的对象：找到 1 个,总计 2 个(选择与第一条线段相邻的第二条线段)

选择要合并的对象：找到 1 个,总计 3 个(选择与第二条线段相邻的第三条线段)

选择要合并的对象：找到 1 个,总计 4 个(选择第四条线段)

选择要合并的对象：

4 个对象已合并为 1 条样条曲线

调用查询面积命令，命令行提示如下：

命令：MEASUREGEOM

输入选项 [距离(D)/半径(R)/角度(A)/面积(AR)/体积(V)] <距离>：ar(输入面积选项)

指定第一个角点或 [对象(O)/增加面积(A)/减少面积(S)/退出(X)] <对象(O)>：(输入对象选项)

选择对象：(选择刚才合并的对象)

区域＝4861.2918,周长＝272.2217(得到的面积和周长)

② 通过创建"面域"来查询面积。

"面域"命令调用：在命令行输入 region 或在下拉式菜单点击"绘图"/"面域"。

"面域"是具有一定边界的二维闭合区域，它是一个面对象，其内部可以包含孔特征。创建面域的条件是必须保证二维平面内各个对象间首尾连接成封闭图形，否则无法创建面域。

对于图 9-9 所示图形，创建"面域"的命令行提示如下：

命令：REGION

选择对象：指定对角点：找到 1 个

选择对象：指定对角点：找到 1 个,总计 2 个

选择对象：指定对角点：找到 1 个,总计 3 个

选择对象：指定对角点：找到 2 个 (1 个重复),总计 4 个

选择对象：

已提取 1 个环。

已创建 1 个面域。

调用查询"面积"命令，命令行提示如下：

命令：MEASUREGEOM

输入选项 [距离(D)/半径(R)/角度(A)/面积(AR)/体积(V)] <距离>：ar(输入"面积"选项)

指定第一个角点或 [对象(O)/增加面积(A)/减少面积(S)/退出(X)] <对象(O)>：(输入"对象"选项)

选择对象：(选择之前合并的对象)

区域＝4861.2918,周长＝272.2217(得到的面积和周长)

本章介绍了查询图形信息和对象信息的几种常用方法，用户可以根据需要查询图形的绘制时间、某个图形的面积、某图线的信息等等，为确定图形的差异性和准确性提供判断依据。

训 练 提 高

1. 查询图 9-10 的面积。

2. 查询图 9-11 的面积。

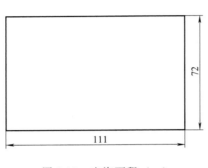

图 9-10　查询面积（一）

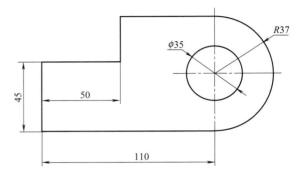

图 9-11　查询面积（二）

3. 查询图 9-12 的面积。

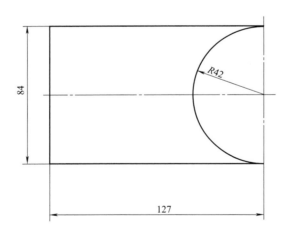

图 9-12　查询面积（三）

综合训练题

1. 绘制图 1，选择图幅 A4，不带装订边，绘图比例 1：5，设置所需图层，技术要求中汉字字高为 3.5，尺寸标注中数字和字母字高为 3.5，字体为 gbenor.shx，表面粗糙度符号用属性块插入，属性块中字体用 gbeitc.shx，字高 3.5。标题栏用属性块插入。合理布图。

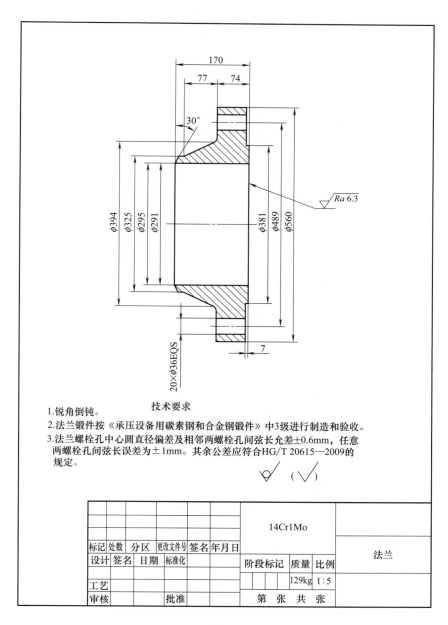

技术要求

1.锐角倒钝。

2.法兰锻件按《承压设备用碳素钢和合金钢锻件》中3级进行制造和验收。

3.法兰螺栓孔中心圆直径偏差及相邻两螺栓孔间弦长允差±0.6mm，任意两螺栓孔间弦长误差为±1mm。其余公差应符合HG/T 20615—2009的规定。

标记	处数	分区	更改文件号	签名	年月日		14Cr1Mo			
设计	签名	日期	标准化					法兰		
工艺						阶段标记	质量	比例		
							129kg	1:5		
审核			批准			第　张　共　张				

图 1

2. 绘制图 2 顶盖零件图。设置适当的绘图环境，图幅 A3 横，不留装订边，绘图比例 1：2，标题栏等以属性块插入或通过设计中心从已有的图形中调用，合理布图。

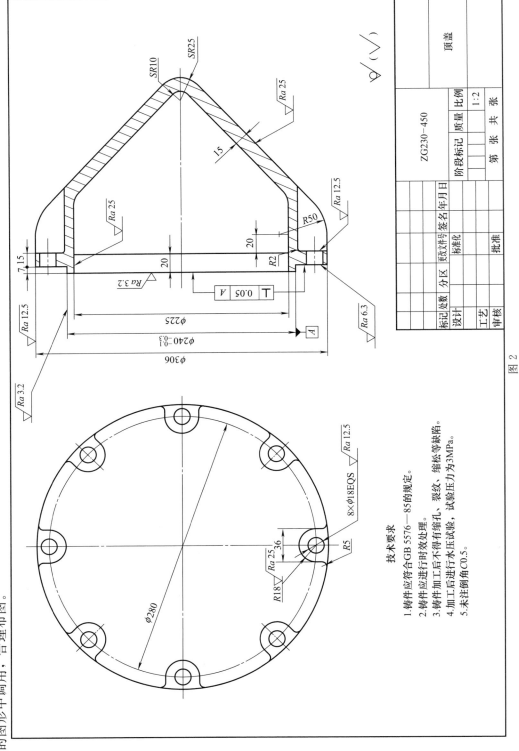

ZG230-450

顶盖

标记	处数	分区	更改文件号	签名	年月日				
设计			标准化			阶段标记	质量	比例	
工艺								1：2	
审核			批准			第　张	共　张		

图 2

技术要求

1. 铸件应符合GB 5576—85的规定。
2. 铸件应进行时效处理。
3. 铸件加工后不得有缩孔、裂纹、缩松等缺陷。
4. 加工后进行水压试验，试验压力为3MPa。
5. 未注倒角C0.5。

3. 绘制图 3 压盖螺母，设置绘图环境或通过设计中心进行调用，图幅 A4，不带装订边，绘图比例 3∶1，合理布图。

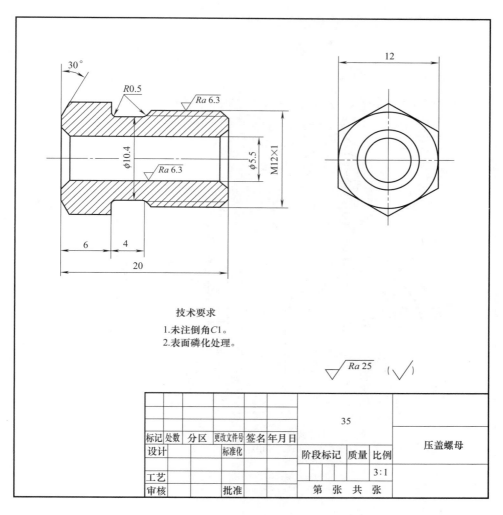

技术要求

1.未注倒角C1。
2.表面磷化处理。

$\sqrt{Ra\,25}$ ($\sqrt{}$)

标记	处数	分区	更改文件号	签名	年月日	35			压盖螺母
设计			标准化			阶段标记	质量	比例	
工艺								3∶1	
审核			批准			第 张 共 张			

图 3

4. 绘制图 4 拨叉零件图，设置合适的绘图环境，图幅 A4，不带装订边，绘图比例 1：1。

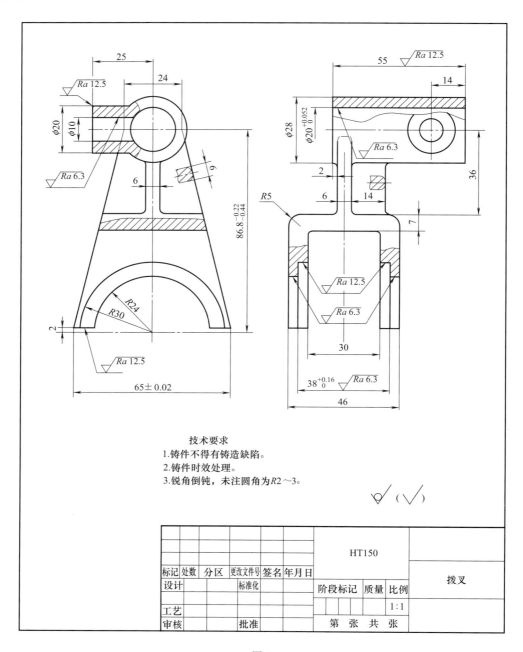

技术要求
1.铸件不得有铸造缺陷。
2.铸件时效处理。
3.锐角倒钝，未注圆角为R2～3。

标记	处数	分区	更改文件号	签名	年月日	HT150			拨叉
设计			标准化						
工艺						阶段标记	质量	比例	
审核			批准					1：1	
						第 张 共 张			

图 4

5. 绘制图 5 定位板零件图，设置合适的绘图环境，图幅 A4，不带装订边，合理布图。

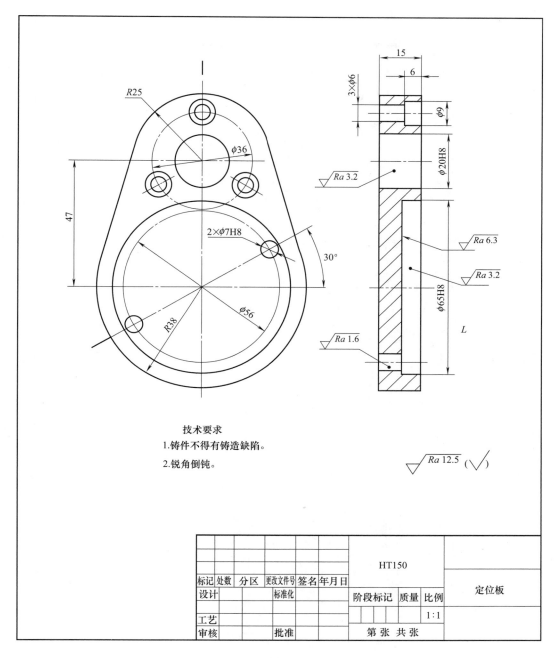

图 5

6. 绘制图 6 阀体零件图，设置合适的绘图环境。

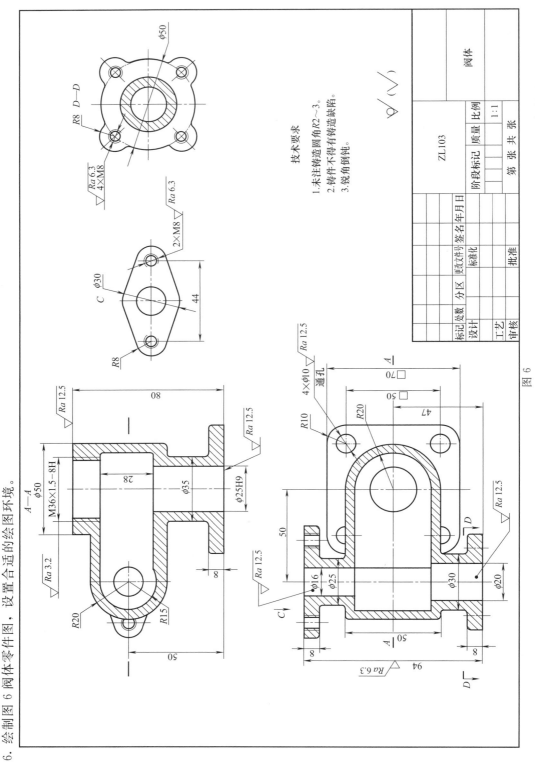

图 6

技术要求
1. 未注铸造圆角 R2~3。
2. 铸件不得有铸造缺陷。
3. 锐角倒钝。

标记	处数	分区	更改标记	签名	年月日			ZL103		
设计			标准化				阶段标记	质量	比例	
									1:1	阀体
工艺			批准							
审核							第 张 共 张			

7. 根据给出的零件图，绘制装配图。设置合适的绘图环境，保证打印出来的图纸符合国标要求。
(1) 装配图（图 7）

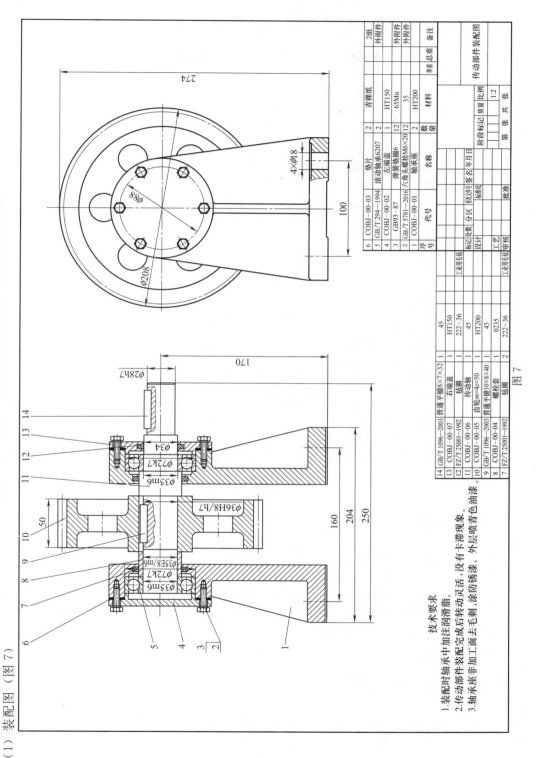

技术要求
1. 装配时轴承中加注润滑脂。
2. 传动部件装配完成后转动灵活，没有卡滞现象。
3. 轴承座非加工面去毛刺，漆防锈漆，外层喷青色油漆。

14	GB/T 1096—2003	普通 平键8×7×32	1	45		
13	COBJ-00-07	右端盖	1	HT150		
12	FZ/T 2500I—1992	毡圈	1	222—36		
11	COBJ-00-06	传动轴	1	45		
10	COBJ-00-05	齿轮 m=4 z=50	1	HT200		
9	GB/T 1096—2003	普通 平键10×8×40	1	45		
8	COBJ-00-04	螺检套	1	0235		
7	FZ/T 2500I—1992	毡圈	2	222—36		

6	COBJ-00-03	垫片	2	青梗纸		2组
5	GB/T 294—1994	滚动轴承6207	2			外附件
4	COBJ-00-02	左端盖	1	HT150		
3	GB93-87	弹簧垫圈6	12	65Mn		外附件
2	GB/T 5781—2016	六角头螺栓M6×20	12	35		外附件
1	COBJ-00-01	轴承座	1	HT200		
序号	代号	名称	数量	材料	单重 总重	备注

标记	处数	分区	更改文件号	签名	年 月 日		传动部件装配图
设计			标准化			阶段标记	质量	比例
							1:2
工艺		批准				第 张	共 张

图 7

(2) 装配图（图 8）

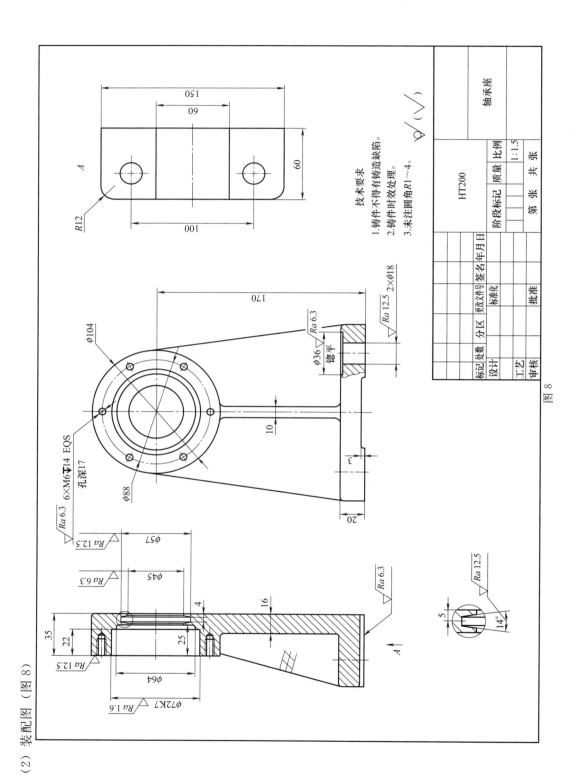

技术要求
1. 铸件不得有铸造缺陷。
2. 铸件时效处理。
3. 未注圆角R1～4。

图 8

轴承座

HT200

1:1.5

中文版 AutoCAD 2018 二维绘图技术

（3）左端盖（图9）

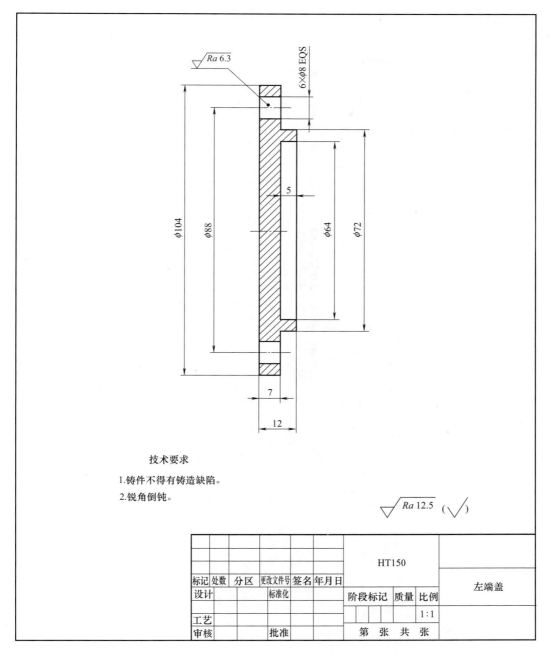

Ra 6.3

6×φ8 EQS

φ104
φ88
φ64
φ72

5

7

12

技术要求

1.铸件不得有铸造缺陷。

2.锐角倒钝。

Ra 12.5 (√)

						HT150			
标记	处数	分区	更改文件号	签名	年月日				左端盖
设计			标准化			阶段标记	质量	比例	
								1:1	
工艺									
审核			批准			第　张　共　张			

图 9

（4）垫片（图 10）

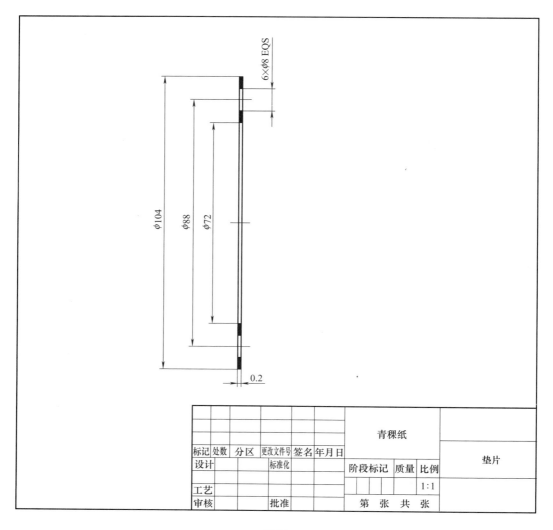

图 10

（5）定距套（图 11）

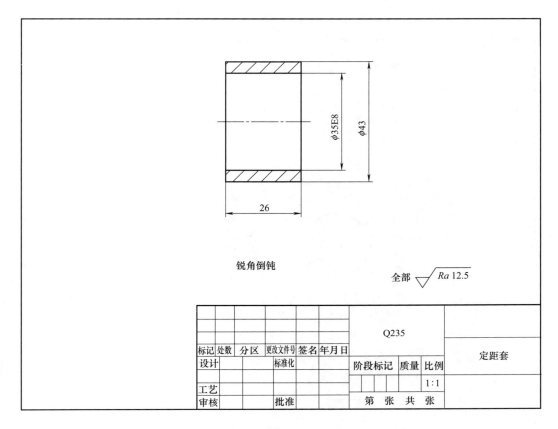

锐角倒钝

全部 $\sqrt{\ \ }$ $Ra\,12.5$

标记	处数	分区	更改文件号	签名	年月日	Q235		定距套
设计			标准化			阶段标记	质量	比例
工艺								1：1
审核			批准			第　张	共　张	

图 11

（6）齿轮（图 12）

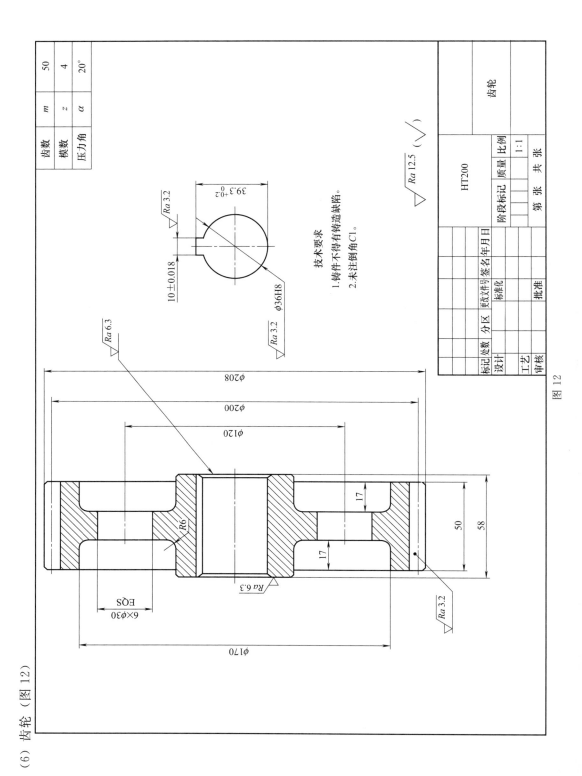

图 12

齿数	m	50
模数	z	4
压力角	α	20°

技术要求
1.铸件不得有铸造缺陷。
2.未注倒角C1。

$\sqrt{Ra\ 12.5}$ （ $\sqrt{\ }$ ）

齿轮

			HT200	质量	比例
					1:1
		阶段标记			
			第 张	共 张

标记	处数	分区	更改文件号	签名	年月日
设计			标准化		
工艺					
审核			批准		

$\sqrt{Ra\ 3.2}$

$39.3^{+0.2}_{0}$

10 ± 0.018

$\phi36H8$

$\sqrt{Ra\ 3.2}$

$\sqrt{Ra\ 6.3}$

$\phi208$

$\phi200$

$\phi120$

$R6$

17

17

50

58

$6\times\phi30$
EQS

$\phi170$

$\sqrt{Ra\ 6.3}$

$\sqrt{Ra\ 3.2}$

中文版 AutoCAD 2018 二维绘图技术

(7) 传动轴（图 13）

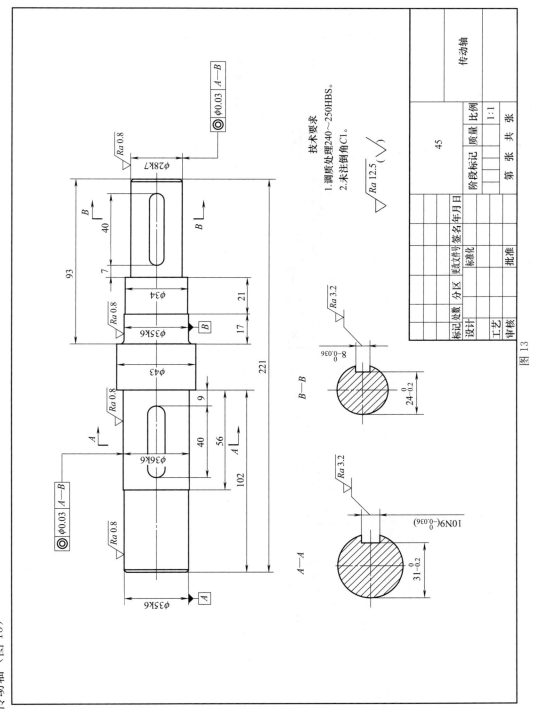

图 13

（8）右端盖（图 14）

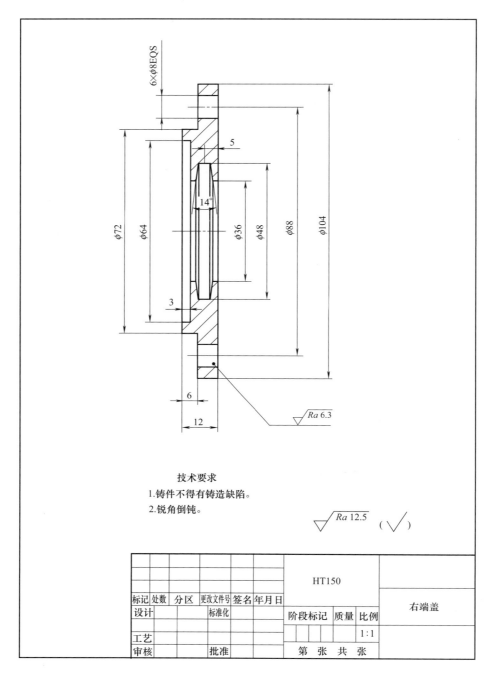

技术要求

1.铸件不得有铸造缺陷。

2.锐角倒钝。

$\sqrt{Ra\,12.5}$ （$\sqrt{}$）

标记	处数	分区	更改文件号	签名	年月日	HT150			右端盖
设计			标准化			阶段标记	质量	比例	
工艺								1:1	
审核			批准			第　张　共　张			

图 14

（9）六角头螺栓和垫圈（图 15）

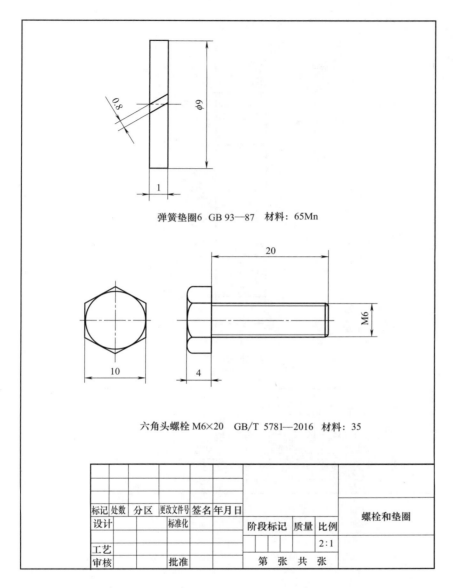

弹簧垫圈6 GB 93—87 材料：65Mn

六角头螺栓 M6×20 GB/T 5781—2016 材料：35

标记	处数	分区	更改文件号	签名	年月日				螺栓和垫圈
设计			标准化			阶段标记	质量	比例	
工艺								2：1	
审核			批准			第 张 共 张			

图 15

（10）滚动轴承（图16）

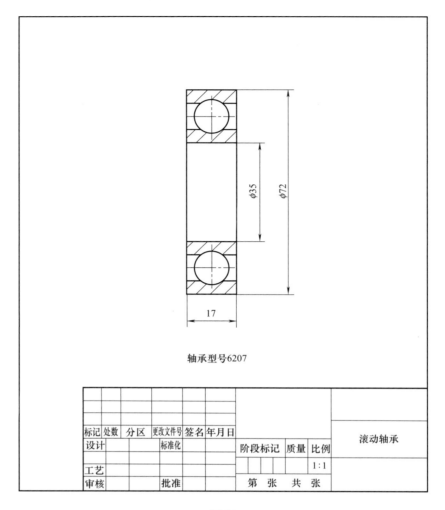

轴承型号6207

标记	处数	分区	更改文件号	签名	年月日				滚动轴承
设计			标准化			阶段标记	质量	比例	
工艺								1∶1	
审核			批准			第　张	共　张		

图 16

参 考 文 献

［1］ 薛山. AutoCAD2018 实用教程. 北京：清华大学出版社，2018.

［2］ 邓堃，薛焱. 中文版 AutoCAD2018 基础教程. 北京：清华大学出版社，2018.

［3］ 周芳. 中文版 AutoCAD2014 技术大全. 北京：人民邮电出版社，2014.